激変する地球の未来を読み解く

# 教養としての地学

## としての

EARTH SCIENCE IS
AN EXCITING SCIENCE
WITH MANY INTERESTING AND
PRACTICAL APPLICATIONS.

代々木ゼミナール講師
蜷川雅晴

PHP

　高等学校の理科は、物理、化学、生物、地学の４つの科目に分けられています。このうち、「地学」は地球を対象にした自然科学です。大学では「地球科学」とよばれ、太陽系も対象に含めて「地球惑星科学」とよばれることもあります。地学の内容は多岐にわたり、測地学、地震学、火山学、岩石学、鉱物学、地質学、古生物学、気象学、気候学、海洋学、惑星科学などの分野があります。

　小学校と中学校の理科は、誰もが同じ内容を学習しますが、高等学校の理科はいくつかの科目を選択して学習します。2012年度以降の高等学校の理科の必履修科目については、「科学と人間生活」「物理基礎」「化学基礎」「生物基礎」「地学基礎」のうち「科学と人間生活」を含む２科目、または、「物理基礎」「化学基礎」「生物基礎」「地学基礎」のうちから３科目となっています。文系の生徒の多くは以上で理科の学習を終えますが、理系の生徒の多くは、「基礎を付した科目」を履修した後、さらに高度な内容を扱う「物理」「化学」「生物」「地学」を選択して学習します。文部科学省が2015年に公立高等学校に対して履修率を調査した結果によると、「物理基礎」56.7％、「化学基礎」79.2％、「生物基礎」84.1％、「地学基礎」26.9％、「物理」16.2％、「化学」27.5％、「生物」20.9％、「地学」0.8％でした。このように、地学は多くの日本人が学習してい

ない科目となっているのです。

　近年、様々なところで地球環境や自然災害に関する話題を耳にすることが多くなりました。巨大地震、緊急地震速報、火山噴火、異常気象、エルニーニョ現象、地球温暖化などは、誰もがニュースなどで聞かれたことがあると思います。これらは、すべて高等学校の地学で学習できる内容であり、理解しておきたい身近な自然現象でもあります。本書では高校地学の内容すべてを解説するのではなく、特に身近な自然現象である地震、火山、気象、環境などを中心に、教養として身につけておきたいことを解説しています。そのため、本書の内容を日常生活の中で実感できることも多いと思われます。

　また、日本列島では、これからも確実に地震災害、火山災害、気象災害が起こります。これらの災害の一部は、地震、火山、気象などについての正しい知識があれば、防ぐことができるものもあると思います。

　2011年3月11日に発生した東北地方太平洋沖地震とそれに伴う津波によって、福島第一原子力発電所の事故があり、放射性物質が大気中に放出されてしまいました。事故当時、福島第一原子力発電所の周辺では南東の風が吹いていましたが、あるニュースキャスターが、南東の風を南東へ吹く風と勘違いし、放射性物質が南東へ運ばれると伝えていたことがありました。気象には「風向」という用語がありますが、風向は風が吹いていく方向ではなく、吹いてくる方向を表します。すなわち、南東の風とは、南東から吹いてくるため、北西に向かって吹く風となります。その結果、福島第一原子力

発電所の北西側にある飯舘村などへ放射性物質のセシウム137など
が拡散されてしまいました。このような勘違いは、日本人の多くが
地学を学習していないことと関係しているかもしれません。

　地学で学習する内容は身近な自然現象だけでなく、身近なところ
で起こる自然災害とも深く関係していますので、地学の教養を身に
つけることは、自然災害の多い日本列島で生きていく私たちにとっ
てとても重要なことになります。地学の教養を身につけ、日常生活
をより有意義なものにすることに役立てていただければ幸いです。


　2023年6月

蜷川雅晴

教養としての地学　Contents

## 第1章
# 地球の構造

第2章

# プレートの運動

第3章

# 地　震

第4章

火 山 活 動

## 第5章

# 地 球 の 大 気

# 第6章
# 大 気 の 運 動

## 第7章
# 日本の天気

## 第8章
# 地 球 環 境

装丁：西垂水敦・市川さつき（krran）
カバー写真提供：ゲッティ イメージズ
Sketch Master by stock.adobe.com
Vector Tradition by stock.adobe.com
本文図版：WADE

# 地球の構造

## 地球の概観

地球の形

　地球の形がほぼ球形であることは、今から2000年以上も前から知られていました。古代ギリシャの哲学者であるアリストテレス（前384〜前322年）は、月食のときに月面に映った地球の影の形が曲線になっていることに気がつき、この曲線が地球の形の一部を表していると考えたのです。月食とは、地球から見て、太陽と月が反対方向にあるとき、月が地球の影に入り込むため、月の一部または全体が欠けて見える現象です（図1-1）。

図1-1　月食のしくみ

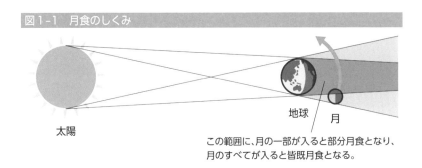

太陽

地球

月

この範囲に、月の一部が入ると部分月食となり、
月のすべてが入ると皆既月食となる。

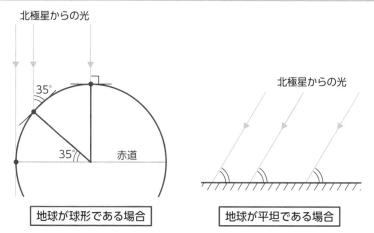

また、アリストテレスは、北極星を北または南へ移動して見ると、北極星の高度（水平方向と星の見える方向のなす角）が変化することに気がつきました。日本の北緯35°（度）の地点では、北極星の高度が35°になることが知られていますが、北海道では北極星の高度が高くなり、沖縄では北極星の高度が低くなります。

北極星は非常に遠方にあるため、北極星からの光は地球上の異なる場所に平行に入射します（図1-2）。地球が平坦であれば、北極星の高度はどこでも等しくなりますが、地球が球形であると、北極星の高度は緯度によって異なります。すなわち、北または南へ移動して北極星を見ると、その高度が変化することからも、地球は球形であると考えられるのです。

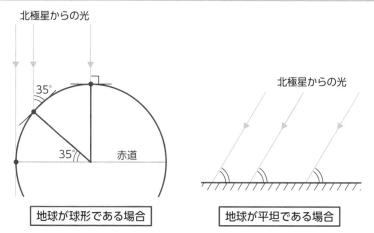

図1-2　地球の形と北極星の高度

北極星からの光

35°

35°　赤道

地球が球形である場合

北極星からの光

地球が平坦である場合

さらに身近な風景を見てみましょう。沖から陸に近づいてくる船を海岸から眺めると、船の帆の先端から姿を現します（図1-3）。

第1章　地球の構造
第2章　プレートの運動
第3章　地震
第4章　火山活動
第5章　地球の大気
第6章　大気の運動
第7章　日本の天気
第8章　地球環境

また、遠くの山を眺めると、山頂付近は見えますが、山の麓は見えません。地球が平坦であれば、船や山の全体が見えそうですが、地球が球形であると考えれば、いつも眺めている船や山の見え方が納得できます。普段実感することのない地球の形ですが、このような身近なものが地球の形を教えてくれているのです。

図1-3　船や山の見え方

## 地球の大きさ

地球の大きさを初めて測定したのは、ギリシャ人の**エラトステネス**（前275～前194年）です。エラトステネスは夏至の日の正午に、エジプトのアレクサンドリアとシエネで太陽の南中高度を測定し、その差が7.2°と観測されたことから、2地点の緯度の差が7.2°であると考えました（図1‒4）。また、アレクサンドリアとシエネは、南北方向に約900km離れています。

地球を球形と考えると、2地点の緯度の差と南北方向の距離は比例関係にあります。中心角7.2°に対する円弧の長さが900kmであるとみなすと、中心角360°に対する距離が地球の周囲の長さになります。したがって、地球の周囲の長さを$L$とすると、次の関係式が成

り立ちます。

$$7.2 : 900 = 360 : L$$

　これを計算すると、$L = 45000$km となります。このような計算から、エラトステネスは地球の周囲の長さを求めました。ただし、アレクサンドリアとシエネは南北方向から少しずれているため、エラトステネスの計算には多少の誤差がありました。実際の地球の周囲の長さは約40000kmになります。

　さらに、地球の周囲の長さから地球の半径を求めることができます。半径 $r$ の円周の長さは $2\pi r$ となりますので、地球の半径を $R$ とすると、

$$2\pi R = 40000$$

となります。これを計算すると、$R \fallingdotseq 6400$km となります。

**図1-4　エラトステネスの測定**

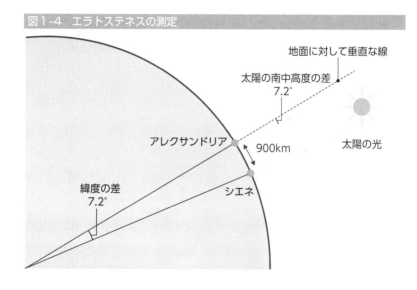

地面に対して垂直な線

太陽の南中高度の差
7.2°

アレクサンドリア

900km

太陽の光

緯度の差
7.2°

シエネ

第1章　地球の構造
第2章　プレートの運動
第3章　地震
第4章　火山活動
第5章　地球の大気
第6章　大気の運動
第7章　日本の天気
第8章　地球環境

## 緯線の長さ

　赤道上の１周の距離（地球の周囲の長さ）は約40000kmですが、緯度が等しい地点を１周する距離（緯線の長さ）は、緯度によって異なります。例えば、地球の半径を$R \fallingdotseq 6400$kmとすると、北緯30°の緯線は半径$R\cos30°$の円周になります（図１-5）。したがって、北緯30°の緯線の長さは次のようになります。

　　　　$2\pi R\cos30° \fallingdotseq 35000$km　　（$\cos30° \fallingdotseq 0.8660$）

　また、北緯45°と北緯60°の緯線の長さは、それぞれ半径が$R\cos45°$、$R\cos60°$の円周と考えられますので、次のようになります。

　　　　$2\pi R\cos45° \fallingdotseq 28000$km　　（$\cos45° \fallingdotseq 0.7071$）

　　　　$2\pi R\cos60° \fallingdotseq 20000$km　　（$\cos60° = 0.5000$）

　このように緯線の長さは高緯度ほど短くなります。

### 図1-5　緯線の長さ

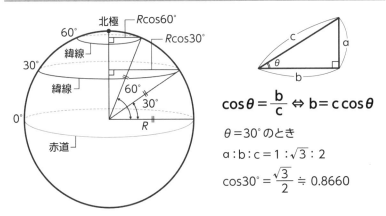

$$\cos\theta = \frac{b}{c} \Leftrightarrow b = c\cos\theta$$

$\theta = 30°$のとき

$a : b : c = 1 : \sqrt{3} : 2$

$\cos30° = \dfrac{\sqrt{3}}{2} \fallingdotseq 0.8660$

　普段、私たちがよく見る地図（メルカトル図法やランベルト正積円

第1章 地球の構造

第2章 プレートの運動

第3章 地震

第4章 火山活動

第5章 地球の大気

第6章 大気の運動

第7章 日本の天気

第8章 地球環境

筒図法など）は、経線と緯線が直角に交わるように描かれています。経度差１°あたりの距離（東経140°と東経141°の間の距離）は、地図上では等しくても実際には高緯度ほど短くなっています（図１-６）。

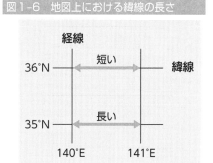

図1-6　地図上における緯線の長さ

北緯35°を35°N、東経140°を140°Eと表す。

## 地球楕円体

　地球上の物体には、地球の自転による遠心力がはたらいているため、地球の形は完全な球形ではありません。遠心力は回転運動している物体に、回転の外向きにはたらく力です。地球上の物体は、地球の自転軸のまわりを回転運動していますので、自転軸に対して外向きに遠心力がはたらいています。

　地球上の物体にはたらく遠心力の大きさは、自転軸からの距離に比例します。地球では赤道上が自転軸から最も離れていますので、赤道上で遠心力が最も大きくなります。また、北極や南極では自転軸からの距離が０であるため、遠心力の大きさも０となります。

　遠心力の大きさが赤道で最大となるため、地球の形は赤道方向に膨らんだ形となっています。赤道では遠心力が大きいため、赤道半径（地球の中心から赤道までの距離）は長くなり、北極では遠心力がはたらかないため、極半径（地球の中心から北極までの距離）は短くなります（図１-７）。このように、地球の半径が場所によって異なっていることから、地球の形は完全な球形ではなく、回転楕円体に

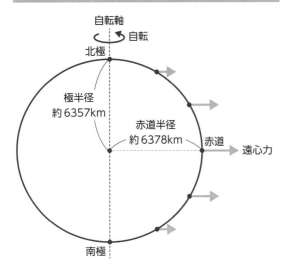

図1-7　地球楕円体

（図中ラベル）
自転軸
自転
北極
極半径
約6357km
赤道半径
約6378km
赤道
遠心力
南極

近い形となっていることがわかります。地球の形と大きさに最も近い回転楕円体を、特に**地球楕円体**といいます。地球楕円体の赤道半径は約6378km、極半径は約6357kmです。

## 緯度と南北方向の距離

　緯度とは、ある地点の鉛直線（えんちょくせん）と赤道面のなす角度です（図1-8）。北半球において、鉛直線と赤道面のなす角度が60°となる地点では、緯度が北緯60°となります。

　地球の周囲の長さは約40000kmであるため、これを360で割って、緯度差1°あたりの南北方向の距離を約111.1kmと求めることができます。1801年に**伊能忠敬**（いのうただたか）は緯度差1°あたりの南北方向の距離が28.2里であることを、奥州街道の測量によって明らかにしました。1里の長さは時代によって異なりますが、1里を明治時代以降に定められた約3.93kmとすると、28.2里は約110.8kmになります。

　地球の形が完全な球形であれば、緯度差1°あたりの南北方向の

距離はどこでも等しくなりますが、地球の形は赤道方向に膨らんでいるため、緯度差１°あたりの南北方向の距離は高緯度ほど長くなっています。18世紀に**フランス学士院**（フランスの学術団体）が、現在のエクアドルとラップランド（スカンジナビア半島北部）で緯度差１°あたりの南北方向の距離を測定した

第1章 地球の構造
第2章 プレートの運動
第3章 地震
第4章 火山活動
第5章 地球の大気
第6章 大気の運動
第7章 日本の天気
第8章 地球環境

図1-8 緯度

北極

鉛直線

赤道面

緯度

南極

ところ、エクアドル（南緯1.5°）では110.6km、ラップランド（北緯66.3°）では111.9kmとなり、緯度による違いを明らかにしました。

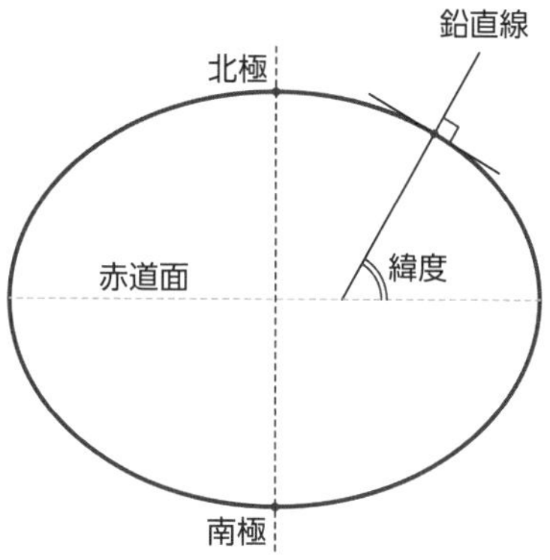

## 地球の重力

　質量をもつ物体には互いに引き合う力がはたらきます。この力を**万有引力**といいます。万有引力の大きさは、物体の質量の積に比例し、物体間の距離の２乗に反比例します。２つの物体の質量をそれぞれ$M$、$m$とし、物体間の距離を$R$とすると、万有引力の大きさ$f_1$は次のように表せます（図１−９）。

$$f_1 = G\frac{Mm}{R^2} \quad （G：万有引力定数）$$

　地球上の物体には、地球の質量による万有引力がはたらいています。地球の形は赤道方向に膨らんでいる回転楕円体であるため、地球上の物体と地球の中心との距離は、赤道で最も大きく、極で最も

図1-9 万有引力

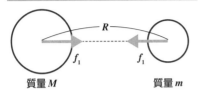

質量 $M$ 　　　　質量 $m$

小さくなります。すなわち、地球上の物体にはたらく万有引力は、どこでも同じではなく、赤道で最も小さくなり、極で最も大きくなります。

　また、地球上の物体にはたらく遠心力は、低緯度ほど大きく、赤道で最大となり、極でははたらきません。一般に地球上の物体にはたらく遠心力は万有引力よりもかなり小さく、赤道での遠心力の大きさは、万有引力の大きさの約300分の1しかありません。

　このように、地球上の物体には万有引力と遠心力がはたらいていますが、この2つの力の合力を重力といいます（図1-10）。一般に

図1-10　地球上の物体にはたらく重力

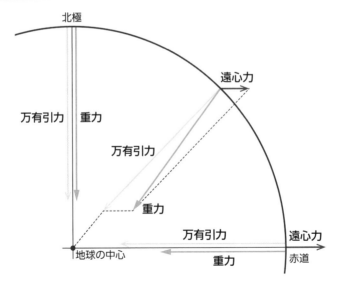

第1章
地球の構造

第2章
プレートの運動

第3章
地震

第4章
火山活動

第5章
地球の大気

第6章
大気の運動

第7章
日本の天気

第8章
地球環境

2つの力の合力は、2つの力を2辺とする平行四辺形の対角線として表されます。すなわち、重力は万有引力と遠心力を2辺とする平行四辺形の対角線として表されます。

　赤道では、万有引力と遠心力が逆向きであるため、重力は小さくなります。極では、遠心力がはたらきませんので、重力は万有引力と等しくなります。したがって、地球上の物体にはたらく重力は、赤道で最小となり、極で最大となります。

　地球上の物体にはたらく重力によって、物体が落下するときの加速度（単位時間あたりの速度の増加率）を重力加速度といいます。地球上での平均的な重力加速度は約$9.8\mathrm{m/s^2}$となります。これは物体が落下するときの速度が、1秒間に約$9.8\mathrm{m/s}$増加することを示しています。ただし、赤道上では重力が小さいため、重力加速度は約$9.78\mathrm{m/s^2}$となり、極では重力が大きいため、重力加速度は約$9.83\mathrm{m/s^2}$となります。

　このように重力の大きさは場所によって異なりますので、私たちの体重も場所によって変化します。赤道では体重が少し減りますが、極では体重が少し増えてしまいます。日本でも低緯度の沖縄では重力加速度が約$9.79\mathrm{m/s^2}$ですが、高緯度の北海道では重力加速度が約$9.80\mathrm{m/s^2}$となります。体重をはかる場所によって体重が変わると困りますので、体重をはかる地域を設定できる体重計も存在しています。

# 地球の内部構造

## 地殻の構造

　地球の表面を覆う岩石の層を地殻といいます。地殻を構成している元素は、質量比で46%が酸素（O）、28%がケイ素（Si）、8%がアルミニウム（Al）、5%が鉄（Fe）になります。また、大陸と海洋では、地殻を構成している岩石の種類が大きく異なるため、地殻は大陸地殻と海洋地殻に分けられています。

　大陸地殻は30〜60kmの厚さがあり、その上部は花こう岩質（質量比で二酸化ケイ素SiO2を約70%含む）の岩石、下部は玄武岩質（質量比でSiO2を約50%含む）の岩石で構成されています。一方、海洋地殻は5〜10kmの厚さがあり、主に玄武岩質の岩石で構成されています（図1-11）。

図1-11　地殻の構造

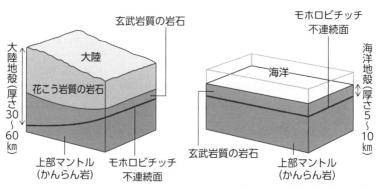

（出典：啓林館『高等学校 地学基礎』）

第1章
地球の構造

第2章
プレートの運動

第3章
地震

第4章
火山活動

第5章
地球の大気

第6章
大気の運動

第7章
日本の天気

第8章
地球環境

　地殻の下の深さ約2900kmまでの領域をマントルといいます。マントルを構成している元素は、質量比で45%が酸素（O）、23%がマグネシウム（Mg）、21%がケイ素（Si）、6%が鉄（Fe）になります。

　地殻とマントルの境界面は、地震波速度が変化する境界面として、旧ユーゴスラビアの地震学者モホロビチッチ（1857～1936年）によって発見されたため、モホロビチッチ不連続面とよばれています。モホロビチッチ不連続面よりも上が地殻で、下がマントルになります。地震波が地殻からマントルに入ると、地震波速度は増加します。

　地震は地下の岩盤が破壊されたときに発生し、岩盤が破壊されたところで地震波が発生します。地震波が最初に発生したところを震源といい、その上の地表の地点を震央といいます。

　地震波には、地殻内を伝わって観測点に到達する直接波と、地殻とマントルの境界面で屈折して観測点に到達する屈折波があります（図1-12）。地殻内の比較的浅いところで発生した地震について、地震波の到着時刻を観測すると、震央に近い観測点では直接波が屈折波よりも先に到着しますが、震央から遠く離れた観測点では屈折波が直接波よりも先に到着します。屈折波の伝わる経路は直接波の伝わる経路よりも長くなりますが、マントルでは地殻よりも地震波速度が大きくなるため、直接波よりもマントルを伝わってくる屈折波のほうが先に観測点に到着できるのです。このように地震波の到着時刻を観測することによって、モホロビチッチは地球内部の深いところに地震波速度の速い領域（マントル）があることを発見した

のです。

　地震波が震源から観測点に到達するまでの時間を走時（そうじ）といいます。縦軸に走時をとり、横軸に震央距離（震央から観測点までの距離）をとったグラフを走時曲線といいます（図1-12）。

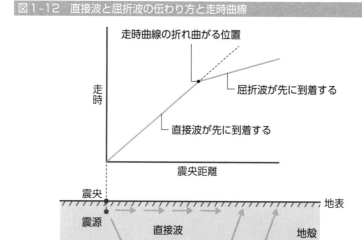

図1-12　直接波と屈折波の伝わり方と走時曲線

走時曲線の折れ曲がる位置

走時

屈折波が先に到着する

直接波が先に到着する

震央距離

震央

地表

震源

直接波

地殻

屈折波

マントル

## 地殻の厚さ

　走時曲線を見ると、震央距離が遠いところでは、屈折波が直接波よりも先に到着するため、走時曲線は途中で折れ曲がることが起こります。また、走時曲線が折れ曲がる地点では、直接波と屈折波が同時に到着します（図1-12）。

　実際の地震のデータから作成された走時曲線は、震央距離150kmの地点で折れ曲がることもあれば、震央距離250kmの地点で折れ曲

第1章 地球の構造

第2章 プレートの運動

第3章 地震

第4章 火山活動

第5章 地球の大気

第6章 大気の運動

第7章 日本の天気

第8章 地球環境

がることもあります。走時曲線の折れ曲がる位置は、地殻の厚さと関係があります。

　地殻が薄い地域では、地震波が少し深いところまで進むとマントルに入り、その速度が増加しますので、すぐに直接波に追いつくことができます。そのため、走時曲線の折れ曲がる位置は、震央距離が近いところになります。

　ところが、地殻が厚い地域では、地震波がかなり深いところまで進まないとマントルに入り込んで、その速度を増加させることができません。その間に直接波はかなり遠くまで伝わっていますので、屈折波は震央距離が遠いところで直接波に追いつきます。そのため、走時曲線の折れ曲がる位置は、震央距離が遠いところになります（図1-13）。

**図1-13　地殻の厚さと地震波の伝わり方**

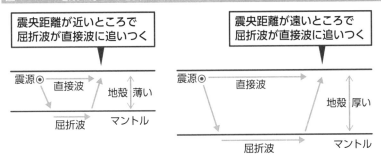

　このように、走時曲線の折れ曲がる位置は地殻の厚さと対応しているため、地震波の到着時刻を観測し、走時曲線の折れ曲がる位置を調べると、その地域の地殻の厚さを推定することができるのです。

## アイソスタシー

　一般に木片の密度は水の密度よりも小さいため、木片は水に浮かびます。同様に、地殻の密度はマントルの密度よりも小さいため、地殻はマントルに浮かんでいるとみなすことができます。

　地殻が厚い（標高の高い）ところでは周囲よりも地殻の質量が大きいため、下向きの重力が大きくなります。一方、その地下では地殻がマントルに深く入り込んでいるため、上向きの浮力がはたらきます。ちょうど水中に沈んだ木片に上向きの浮力がはたらいて、木片が浮かび上がろうとする状況に似ています。このような地殻にはたらく下向きの重力と上向きの浮力のつり合いをアイソスタシーといいます。

　北ヨーロッパのスカンジナビア半島は、最終氷期（約7万～1万年前）に厚い氷で覆われていましたが、現在ではその氷の大部分が融けたため、氷の重さによる重力が失われ、地殻には浮力がはたらいています。すなわち、アイソスタシーが成り立っていない状態です。地殻にはたらく下向きの重力より上向きの浮力のほうが大きいため、最終氷期が終わった約1万年前から現在まで、スカンジナビア半島では土地の隆起が続いています（図1-14）。

　スウェーデンのヘーガ・クステンとフィンランドのクヴァルケン群島は、アイソスタシーによる土地の隆起量が特に大きいため、ユネスコの世界遺産（自然遺産）に登録されています。また、クヴァルケン群島では、氷河によって形成されたモレーン（氷堆石）とよばれる地形も見られます。モレーンとは、氷河が削り取った岩石の粒が、氷河の流れによって運ばれ堆積してできた地形です。

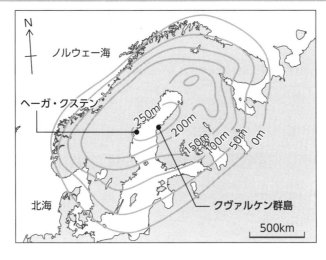

図1-14　最終氷期後のスカンジナビア半島における隆起量

## マントルと核の構造

　深さ約2900kmまで続くマントルの体積は、地球全体の約83％を占めます。マントル内部の深さ約660kmにも地震波速度が変化する境界面があり、これを境にマントルは上部マントルと下部マントルに分けられています。上部マントルは、主にかんらん岩でできています。

　深さ約2900kmよりも深い部分を核といいます。地殻とマントルは主に岩石で構成されていますが、核は主に金属で構成されています。核を構成している元素は、質量比で90％が鉄（Fe）、5％がニッケル（Ni）になります。このようにマントルと核では物質が大きく異なりますので、マントルと核の境界面では密度が大きく変化します（図1-15）。

　また、核は深さ約5100kmを境に、外側の外核と内側の内核に分

第1章　地球の構造
第2章　プレートの運動
第3章　地震
第4章　火山活動
第5章　地球の大気
第6章　大気の運動
第7章　日本の天気
第8章　地球環境

けられています。外核は液体であり、内核は固体となっています。一般に地球内部は深いところほど温度が高くなり、外核の最上部では約3000～4000℃、地球の中心部では約5000～6000℃と推定されています。内核が液体の外核よりも高温であるのに固体となっているのは、地球内部は深いところほど圧力が高くなっているからです（図1-15）。一般に圧力が高くなると、物質は融けにくくなります。

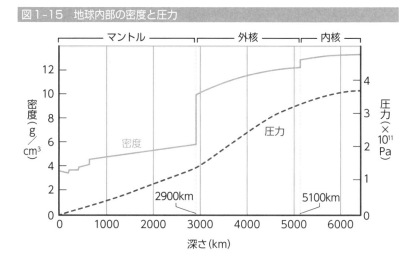

図1-15　地球内部の密度と圧力

　地震波にはP波とS波があります。このうちP波は固体、液体、気体中を伝わることができますが、S波は固体中しか伝わることができません。地震が起こると、震源ではP波とS波が同時に発生します。

　国外で発生した地震のように、震央距離が非常に長い地震を遠地地震といいます。遠地地震の震央距離は、震源－地球中心－観測地点を結んでできる角度で表します。

第1章 地球の構造

第2章 プレートの運動

第3章 地震

第4章 火山活動

第5章 地球の大気

第6章 大気の運動

第7章 日本の天気

第8章 地球環境

　ある遠地地震が発生したとき、震央距離0°〜103°の範囲ではP波とS波の両方が観測されます（図1-16）。この範囲に到達する地震波はマントルを伝わってきたものです（図1-17）。地球内部（マントル）が固体であることは常識かもしれま

### 図1-16　遠地地震の走時曲線

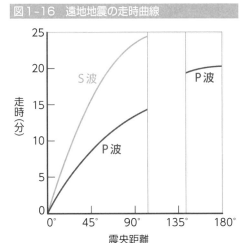

### 図1-17　地球内部の地震波の伝わり方

― P波

‑‑ 内核の表面で
　反射したP波

― S波

P波がマントルと外核の境界で屈折するため、103°〜143°にはP波の影（シャドーゾーン）ができる。
外核が液体であるため、103°〜180°にはS波の影（シャドーゾーン）ができる。

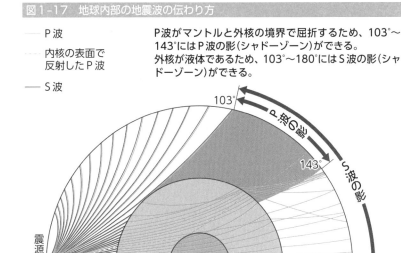

（出典：啓林館『高等学校 地学基礎』）

31

せんが、われわれはマントルの物質を直接見て、固体であることを確認することはできません。しかし、固体中しか伝わることができないＳ波が、マントル内を伝わって震央距離０°〜103°の範囲で観測されることから、マントルが固体であると科学的に理解することができるのです。

　深さ約2900kmにはマントルと外核の境界面があるため、この境界面でＰ波が地球内部の深いほうへ屈折します。そのため、震央距離103°〜143°の範囲ではＰ波が到達しなくなります。地震波が到達しない領域はシャドーゾーンとよばれています。

　震央距離143°〜180°では、Ｐ波は到達しますが、Ｓ波は到達しません。この範囲に到達する地震波は外核を伝わってきますので、Ｐ波のみが観測されることから、外核は液体であると考えられます。Ｓ波は液体の外核を伝わることができないため、震央距離103°より遠いところではＳ波は観測されません。

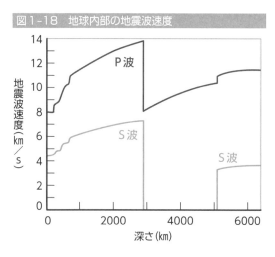

図1-18　地球内部の地震波速度

地震波速度（km／s）

深さ(km)

さらに、震央距離103°〜143°のＰ波のシャドーゾーンに弱いＰ波が観測されることがあります。このＰ波は深さ約5100kmの外核と内核の境界面で反射して伝わってきたものになります。このよ

うなP波の観測から、外核と内核の境界面が発見されました。

　このように、地球全域で地震波の観測を行うと、地球内部の構造や物質の状態を推定することができるのです。また、地震波が到着するまでの時間から、地球内部の地震波速度もわかります（図1-18）。

第1章
地球の構造

第2章
プレートの運動

第3章
地震

第4章
火山活動

第5章
地球の大気

第6章
大気の運動

第7章
日本の天気

第8章
地球環境

# プレートの運動

## プレートの分布

リソスフェアとアセノスフェア

　地球の内部は、岩石のかたさによって区分されることがあります。地球の表面を覆うかたい岩石の層を<u>リソスフェア</u>といいます（図2-1）。リソスフェアは約100kmの厚さがあり、地殻とマントルの最上部を含んでいます。

　リソスフェアは十数枚に分かれており、その1枚1枚を<u>プレート</u>といいます（図2-2）。特に、大陸を構成しているプレートは<u>大陸プレート</u>といい、海洋底を構成しているプレートは<u>海洋プレート</u>といいます。

　一方、リソスフェア（プレート）の下には、<u>アセノスフェア</u>とよばれるやわらかく流動しやすい岩石の層があります。アセノスフェアは約100〜200kmの厚さがあります。

　地殻とマントルは、構成している物質（岩石）の違いによって区分したものになりますが、リソスフェアとアセノスフェアは岩石のかたさの違いによって区分したものになります。このように、地球

内部は異なる基準で区分されることがあります。

第1章 地球の構造

第2章 プレートの運動

第3章 地震

第4章 火山活動

第5章 地球の大気

第6章 大気の運動

第7章 日本の天気

第8章 地球環境

図2-1　地球内部の区分

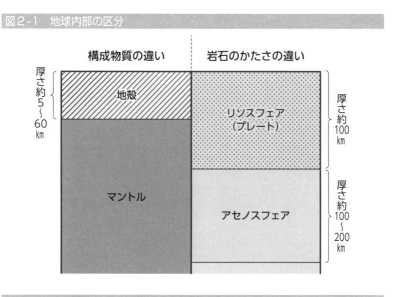

図2-2　世界のプレートの分布

── プレートの境界　　　…… 不確かなプレートの境界

←→ プレートの発散境界　→ ← プレートの収束境界

（出典：数研出版『高等学校 地学基礎』）

## プレートテクトニクス

　プレートは、アセノスフェアの上を１年間に数cmの速さで水平方向に移動しています。このようなプレートの運動によって、地震や火山の活動、大地形の形成などを説明する考え方をプレートテクトニクスといいます。

　例えば、地震が多く発生する場所はプレートの境界とほぼ一致しています（図２-３）。日本付近には４枚のプレートの境界がありますので、日本付近では地震が多く、世界の地震の約２割が発生しています。また、深いところで発生する地震は、太平洋を取り巻く地域で多く発生しています。

**図2-3　世界の地震の分布**

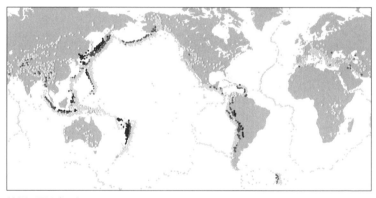

地震の深さ（km）

⬤ 0〜60　　⬤ 60〜300　　⬤ 300〜700

（出典：数研出版『高等学校 地学基礎』）

第1章 地球の構造

第2章 プレートの運動

第3章 地震

第4章 火山活動

第5章 地球の大気

第6章 大気の運動

第7章 日本の天気

第8章 地球環境

# プレートの境界

## プレートの拡大する境界

　地球の表面を覆うプレートは、それぞれが異なる方向へ移動していますので、3種類（拡大する境界・収束する境界・すれ違う境界）のプレートの境界ができます。このうち、2つのプレートが互いに離れていく境界を、プレートの拡大する境界（発散境界）といいます。ここでは、地球内部から上昇してきたマグマが冷え固まって、新しいプレートが生産されています。

　海底でプレートが生産されるところでは、上昇してきたマグマによって火山活動が起こり、海嶺とよばれる海底の大山脈が形成されます（図2-4）。例えば、太平洋プレートとナスカプレートが離れ

図2-4　海嶺の模式図

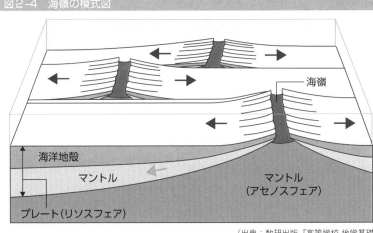

海嶺

海洋地殻

マントル

マントル
（アセノスフェア）

プレート（リソスフェア）

（出典：数研出版『高等学校 地学基礎』）

ていく境界には**東太平洋海嶺**があり、南アメリカプレートとアフリカプレートが離れていく境界には**大西洋中央海嶺**があります。海嶺で生産されたばかりのプレートは、厚さが10km程度しかありませんが、プレートが海嶺から離れるにつれて温度が下がるため、アセノスフェアの最上部がプレートに付け加わって、プレートの厚さが増していきます。

　北大西洋にあるアイスランドは、大西洋中央海嶺が海上に現れた場所であり、北アメリカプレートとユーラシアプレートが互いに離れていく境界にあります（図2-5）。そのため、アイスランドでは陸地が引き裂かれてできた**ギャオ**とよばれる地形が見られます。ギャオとは、アイスランド語で裂け目という意味です。アイスランドの**シンクヴェトリル国立公園**は、プレートの拡大する境界にあり、大地の裂け目を見ることのできる世界でも珍しい場所であり、世界最古の民主的な議会が開かれた場所でもあるため、ユネスコの世界遺産（文化遺産）に登録されています。

　一方、大陸でプレートが離れていくところには、**地溝帯**（リフト帯）とよばれる溝状の地形が形成されます。東アフリカには**大地溝帯**とよばれる南北方向にのびる巨大な地溝帯があります。この地下ではマントル物質が上昇しているため、地下の温度が高く、火山活動が活発に起こっています。大地溝帯では今から約1000万年前にプレートの拡大が始まり、数百万年後にはアフリカ大陸が分裂すると考えられています。

第1章
地球の構造

第2章
プレートの運動

第3章
地震

第4章
火山活動

第5章
地球の大気

第6章
大気の運動

第7章
日本の天気

第8章
地球環境

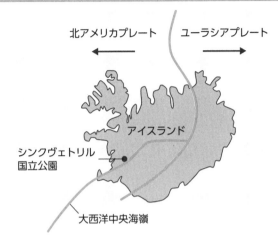

**図2-5　アイスランドにおけるプレートの拡大する境界**

北アメリカプレート　　ユーラシアプレート

アイスランド

シンクヴェトリル
国立公園

大西洋中央海嶺

## プレートの収束する境界

　２つのプレートが互いに近づく境界を、プレートの**収束する境界**（収束境界）といいます。海底でプレートが近づくところには、海溝やトラフとよばれる海底の深い谷が形成されます。海底の谷のうち、水深が6000mよりも深いところは**海溝**といい、6000mよりも浅いところは**トラフ**といいます。東日本の太平洋側には、千島海溝、日本海溝、伊豆・小笠原海溝などがあり、西日本の太平洋側には、南海トラフや駿河トラフなどがあります。

　日本付近には４枚のプレートが分布し、その境界（海溝やトラフ）ではプレートが沈み込んでいます（図2-6）。東日本では、**太平洋プレート**が日本海溝や千島海溝で**北アメリカプレート**の下に沈み込んでいます。西日本では、**フィリピン海プレート**が南海トラフや駿河トラフで**ユーラシアプレート**の下に沈み込んでいます。ま

た、日本の南では、太平洋プレートが伊豆・小笠原海溝でフィリピン海プレートの下に沈み込んでいます。

　海洋プレートは、海嶺で生産されてから海溝に移動するまでに冷やされていますので、密度が大きくなっています。太平洋プレートやフィリピン海プレートなどの海洋プレートは、北アメリカプレートやユーラシアプレートなどの大陸プレートよりも密度が大きいため、大陸プレートと海洋プレートが収束する境界では、密度の大きい岩石で構成された海洋プレートが、密度の小さい岩石で構成された大陸プレートの下に沈み込みます。

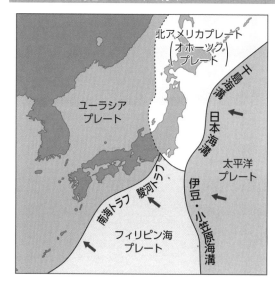

図2-6　日本付近のプレートの分布

## 付加体

　海洋プレートの上には海底の堆積物が積み重なっています。海洋プレートが海溝から沈み込むときに、海底の堆積物は大陸プレートに削り取られるようにして、大陸プレートの先端に付け加えられていきます。このような部分を付加体（ふかたい）といいます（図2-7）。

第1章　地球の構造

第2章　プレートの運動

第3章　地震

第4章　火山活動

第5章　地球の大気

第6章　大気の運動

第7章　日本の天気

第8章　地球環境

　日本列島の周辺では、約5億年前から海洋プレートが沈み込むようになり、付加体が形成されるようになりました。この付加体に取り込まれた石灰岩を、山口県美祢市の秋吉台や福岡県北九州市の平尾台などで観察することができます。

　石灰岩は炭酸カルシウム（CaCO₃）を主成分とし、炭酸カルシウムの殻をもつ有孔虫、サンゴ、貝殻などが海底に堆積して形成されます。秋吉台の石灰岩は、約3億4000万年前に海底火山の水深の浅いところでサンゴ礁が形成され、それがプレートの移動とともに海溝へ運ばれ、約2億6000万年前に付加体に取り込まれたものです。その後も付加体が成長を続けたため、この石灰岩は、内陸へ押し込まれながら上昇し、地表に露出するようになったのです（図2-7）。また、秋吉台の石灰岩からは、約3億年前の海に生息していたフズリナ（紡錘虫）やサンゴなどの化石が見つかっています。

　日本列島の大部分は、付加体を起源とする岩盤で構成されています。現在も日本の太平洋側では、付加体が形成されていますので、日本列島は成長を続けているといえます。

## 図2-7　付加体に取り込まれる石灰岩

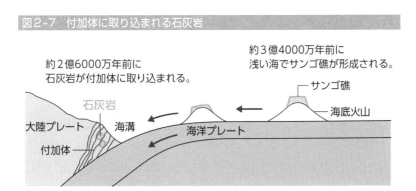

約2億6000万年前に石灰岩が付加体に取り込まれる。

約3億4000万年前に浅い海でサンゴ礁が形成される。

サンゴ礁

石灰岩

大陸プレート　海溝　海洋プレート　海底火山

付加体

### カルスト地形

　付加体に取り込まれた石灰岩は、その後、付加体の成長とともに上昇し、地表に現れるようになりました。炭酸カルシウムを主成分とする石灰岩は、雨水や地下水（二酸化炭素を含む水）と反応して、その一部が溶け出します。このようにして岩石が分解することを化学的風化といいます。また、石灰岩が溶けてできた特徴的な地形をカルスト地形といいます。

　地上の石灰岩の一部が雨水に溶けると、溶け残った石灰岩は地表から突き出しているように見えます（図2-8）。このような石灰岩の突出部をピナクルといいます。

図2-8　秋吉台の地上の石灰岩(ピナクル)

第1章 地球の構造

第2章 プレートの運動

第3章 地震

第4章 火山活動

第5章 地球の大気

第6章 大気の運動

第7章 日本の天気

第8章 地球環境

　また、地表の石灰岩が溶けてできたくぼ地を**ドリーネ**といいます。秋吉台の地表にも多くのドリーネが分布しています（図2-9）。複数のドリーネがつながって大きなくぼ地になったものは**ウバーレ**といいます。

図2-9　秋吉台のドリーネ

ドリーネ

　石灰岩の分布する地域では、地表だけでなく地下にも特徴的な地形ができます。地下の石灰岩が地下水に溶けてできた洞窟を鍾乳洞（どうくつ）（しょうにゅう）といいます。秋吉台の地下には秋芳洞（あきよしどう）とよばれる大規模な鍾乳洞があります（図2-10）。雨水は地上のドリーネから地下に流入するため、鍾乳洞の中では地下水が流れていることがあります。

図2-10　秋吉台の地下の鍾乳洞(秋芳洞)

·

## 造山帯

　プレートの収束する境界のうち、海洋プレートが大陸プレートの下に沈み込む境界を沈み込み境界（沈み込み帯）といい、大陸プレートどうしが衝突する境界を衝突境界（衝突帯）といいます。このようなプレートの境界では大山脈が形成されることがあり、特に大山脈を形成する地殻変動が起こっている地帯を造山帯といいます（図2-11）。

　沈み込み境界で形成された大山脈として、日本列島やアンデス山脈などがあります。アンデス山脈の西側にはチリ海溝があり、ここではナスカプレートが南アメリカプレートの下に沈み込んでいま

す。一方、衝突境界で形成された大山脈として、ヒマラヤ山脈やアルプス山脈などがあります。

第1章 地球の構造
第2章 プレートの運動
第3章 地震
第4章 火山活動
第5章 地球の大気
第6章 大気の運動
第7章 日本の天気
第8章 地球環境

### 図2-11　沈み込み境界と衝突境界で形成される大山脈

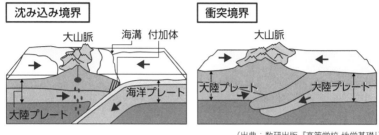

（出典：数研出版『高等学校 地学基礎』）

　約2億年前のインドは、ユーラシア大陸の一部ではなく、古インド大陸として南半球にありました。その後、古インド大陸はプレートの運動によって北上し、約4000万年前にアジア大陸に衝突しました（図2-12）。古インド大陸とアジア大陸を含むそれぞれの大陸プレートは、密度の小さい岩石で構成されているため、密度の大きい海洋プレートのように地球の内部に沈み込むことができず、衝突によって大陸

### 図2-12　古インド大陸の北上とヒマラヤ山脈の形成

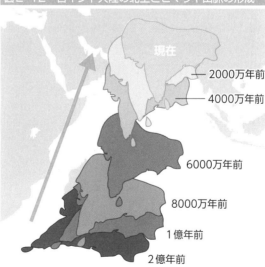

現在
2000万年前
4000万年前
6000万年前
8000万年前
1億年前
2億年前

（出典：数研出版『高等学校 地学基礎』）

45

が押し上げられ、現在のヒマラヤ山脈が形成されました。

　古インド大陸とアジア大陸が衝突する前には、これらの間に海が存在していたので、衝突して山脈が形成されるときに海底の堆積物も押し上げられました。そのため、ヒマラヤ山脈の標高の高いところから、アンモナイトなどの海の生物の化石や海底で形成された岩石が発見されています。

### プレートのすれ違う境界

　プレートが生産される海嶺では、海嶺軸がところどころで途切れ、ずれが生じています（図2-13）。海嶺軸の端では、海嶺軸と直角の方向に岩盤が割れていて、その場所を境にプレートがすれ違う動きをしています。このようなプレートのすれ違う境界における岩盤のずれをトランスフォーム断層といいます。

　一般に、トランスフォーム断層は、海嶺付近に多く分布していま

**図2-13　トランスフォーム断層**

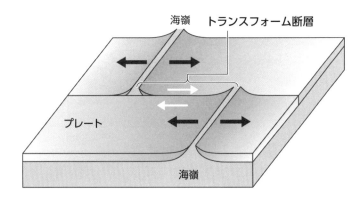

（出典：第一学習社『高等学校 地学基礎』）

すが、アメリカのカリフォルニア州にあるサンアンドレアス断層は、陸上で見られるトランスフォーム断層です（図2-14）。サンアンドレアス断層では、北アメリカプレートと太平洋プレートがすれ違っています。

**図2-14　サンアンドレアス断層の位置**

## 海洋底の形成年代

　海洋底は海嶺で誕生し、プレートの運動によって、海嶺から両側へ移動しますので、海洋底の形成年代は、海嶺から離れるほど古くなります（図2-15）。太平洋の東側と大西洋の中央には、年代の新しい海洋底が南北に連なっています。これは、太平洋の東側には東太平洋海嶺があり、大西洋の中央には大西洋中央海嶺があるからです。

　海洋底の年齢と海嶺からの距離がわかれば、過去のプレートの移動速度を求めることができます。例えば、海嶺から400km（ $4 \times 10^7$ cm）離れた海洋底の形成年代が800万年前（ $8 \times 10^6$ 年前）であれ

第1章　地球の構造

第2章　プレートの運動

第3章　地震

第4章　火山活動

第5章　地球の大気

第6章　大気の運動

第7章　日本の天気

第8章　地球環境

ば、この海洋底を含むプレートの平均移動速度は、

$$\frac{4 \times 10^7}{8 \times 10^6} = 5 \, \text{cm} / 年$$

と求められます。一般にプレートの移動速度は、年間数cm程度です。

　海洋底の形成年代が1.5億年前のところを見ると、太平洋では海嶺から遠く離れていますが、大西洋では海嶺に近いところにあることがわかります（図2-15）。これは、太平洋と大西洋ではプレートの移動速度が異なるためで、過去のプレートの移動速度は、大西洋より太平洋のほうが速かったことを示しています。

　また、太平洋でも大西洋でも海洋底の形成年代が2億年前より古いものは存在しません。太平洋では、2億年前より古い海洋底は、すでに海溝から地球内部に沈み込んでいるため、海底には残されていないのです。一方、大西洋では、約1.8億年前にプレートの拡大

**図2-15　海洋底の形成年代**

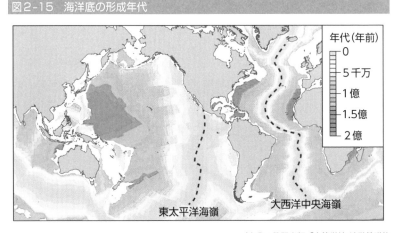

年代（年前）
0
5千万
1億
1.5億
2億

東太平洋海嶺　　大西洋中央海嶺

（出典：数研出版『高等学校 地学基礎』）

第1章
地球の構造

第2章
プレートの運動

第3章
地震

第4章
火山活動

第5章
地球の大気

第6章
大気の運動

第7章
日本の天気

第8章
地球環境

が始まったため、それより古い海洋底は存在しません。

　大陸を構成している岩石は、数億年前や数十億年前に形成された
ものもあり、最も古いものでは約40億年前の岩石がカナダ北部で
見つかっています。このように、大陸を構成している岩石と海洋底
を構成している岩石では、形成年代に大きな違いがあります。

## ホットスポット

　地球上には、マントル深部から高温の物質が上昇し、マントル上
部（アセノスフェア）でマグマとなって、地上で火山活動が起こっ
ている場所が数十か所あります。このような場所を**ホットスポット**
といいます。活発な火山活動を続けているキラウエア火山のある**ハ
ワイ島**が、代表的なホットスポットになります。

　ホットスポットでは、海底での火山活動によって、ハワイ島のよ
うな**火山島**が形成されることがあります。火山島はプレートの運動
によって移動しますが、マントル物質が上昇する位置はほとんど変

### 図2-16　ホットスポットにおける火山島の形成

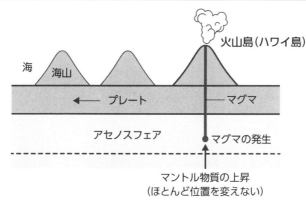

わりませんので、古い火山島が移動した後に、再び同じ場所で火山活動が起こり、新しい火山島が形成されます。つまり、これがくり返されると、プレートの移動方向に火山島の列が形成されることになります（図2-16）。

　太平洋の地形を見ると、ハワイ島から西北西の方向に、カウアイ島、ネッカー島、ミッドウェー島などが列をなし、ハワイ諸島を形成しています。さらにその先には、北北西の方向に、雄略海山、仁徳海山、推古海山などが列をなし、天皇海山列を形成しています（図2-17）。プレートは時間とともに冷えて重くなりますので、プレートの上にある火山島はやがて海面の下に沈み込むようになります。火山島が海面の下に沈んだものは海山とよばれます。

　ハワイ諸島や天皇海山列を構成する火山島や海山は、現在のハワイ島の位置（ホットスポット）で形成され、プレートの運動によって、現在の位置に移動してきたのです。プレートの運動によって、火山島や海山の列が形成されますので、これらの火山島や海山の列は、過去のプレートの移動方向を示しています。また、ハワイ諸島と天皇海山列の向きは、約4700万年前に形成された雄略海山の位置で変化していますので、プレートが約4700万年前に移動方向を変化させたと考えられます。

　ホットスポットから離れた天皇海山列では、北北西側ほど海山の形成年代が古いため、約4700万年前よりも古い時代には、プレートが北北西のほうへ移動していたと考えられます。一方、ホットスポットに近いハワイ諸島では、西北西側ほど火山島の形成年代が古いため、約4700万年前よりも新しい時代には、プレートが西北西

のほうへ移動していたと考えられます。すなわち、プレートの移動方向は、約4700万年前を境に、北北西から西北西へ変化したことがわかります。このように、火山島や海山の配列から、過去のプレートの移動方向を推定できるのです。

第1章 地球の構造
第2章 プレートの運動
第3章 地震
第4章 火山活動
第5章 地球の大気
第6章 大気の運動
第7章 日本の天気
第8章 地球環境

**図2-17　ハワイ諸島と天皇海山列の形成年代**

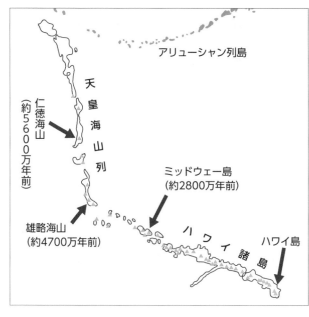

アリューシャン列島

天皇海山列

仁徳海山
（約5600万年前）

ミッドウェー島
（約2800万年前）

雄略海山
（約4700万年前）

ハワイ諸島

ハワイ島

水深が2000mより浅い海域を白く表している。
（出典：第一学習社『高等学校 地学基礎』）

# 地　震

## 地震の発生と地震動

震　度

　ある地点での地震動の強さの指標を震度といいます。日本で使用されている震度は、気象庁が定めた10階級（0、1、2、3、4、5弱、5強、6弱、6強、7）に分けられています（表3-1）。一般に、地震動はかたい地盤よりもやわらかい地盤のほうが大きくなる傾向があります。

　1949年に気象庁が定めた震度は0～7の8階級でした。これは、人の体感や建物の倒壊の程度などから決めたものであり、曖昧な点がありました。そこで、1996年以降は計測震度計という機械を用いて地震動を自動的に観測し、震度を決めるようになりました。また、1995年に、阪神・淡路大震災を引き起こした兵庫県南部地震では、震度が大きい地域での被害の幅が広すぎるという問題点があったため、震度5と6をそれぞれ強と弱の2階級に分割し、その問題を解消する変更がされたのです。

　ただし、国によって震度の基準は異なります。中国やヨーロッパ

などで使用されている震度は、12階級に分けられています。つまり、日本の震度3と中国の震度3では、地震動の強さが異なるのです。国際的に統一された震度階級はありません。

**表3-1 気象庁震度階級**

| 震度階級 | 人の体感・行動 |
|---|---|
| 0 | 人は揺れを感じないが、地震計には記録される。 |
| 1 | 屋内で静かにしている人の中には、揺れをわずかに感じる人がいる。 |
| 2 | 屋内で静かにしている人の大半が、揺れを感じる。眠っている人の中には、目を覚ます人もいる。 |
| 3 | 屋内にいる人のほとんどが、揺れを感じる。歩いている人の中には、揺れを感じる人もいる。眠っている人の大半が、目を覚ます。 |
| 4 | ほとんどの人が驚く。歩いている人のほとんどが、揺れを感じる。眠っている人のほとんどが、目を覚ます。 |
| 5弱 | 大半の人が、恐怖を覚え、物につかまりたいと感じる。 |
| 5強 | 大半の人が、物につかまらないと歩くことが難しいなど、行動に支障を感じる。 |
| 6弱 | 立っていることが困難になる。 |
| 6強 | 立っていることができず、はわないと動くことができない。揺れにほんろうされ、動くこともできず、飛ばされることもある。 |
| 7 | |

## マグニチュード

　地震のエネルギーの大きさ（地震の規模）を表す尺度をマグニチュードといいます。マグニチュードが2大きくなると、地震のエネ

ルギーは1000倍になります。例えば、マグニチュード5.0の地震は、マグニチュード3.0の地震の1000倍のエネルギーがあります。また、マグニチュードが1大きくなると、地震のエネルギーは約32倍になります（表3-2）。

　もう少し詳しく見ると、マグニチュード $M$ と地震のエネルギー $E$ 〔J〕（Jはエネルギーの単位）には次の関係があります。

$$E = 10^{4.8+1.5M}$$

この式に $M=3.0$、$M=4.0$、$M=5.0$ をそれぞれ代入すると、地震のエネルギー $E$ は次のように計算できます。

$$E = 10^{4.8+1.5\times3.0} = 10^{9.3} \fallingdotseq 2.0\times10^{9} \ \text{〔J〕}$$

$$E = 10^{4.8+1.5\times4.0} = 10^{10.8} \fallingdotseq 6.3\times10^{10} \ \text{〔J〕}$$

$$E = 10^{4.8+1.5\times5.0} = 10^{12.3} \fallingdotseq 2.0\times10^{12} \ \text{〔J〕}$$

　マグニチュードの求め方には、様々な方法があります。日本では、気象庁が観測に基づいて決定している気象庁マグニチュードが使われています。また、断層の面積などから求めるモーメントマグニチュードもあります。

表3-2　マグニチュードと地震のエネルギーの関係

| マグニチュード M | エネルギー E〔J〕 |
|---|---|
| 3.0 | $2.0\times10^{9}$ |
| 4.0 | $6.3\times10^{10}$ |
| 5.0 | $2.0\times10^{12}$ |

約32倍
約32倍
1000倍

断　層

　地下の岩盤には、プレートの運動によって様々な方向から力がは

たらいていますので、岩盤は引き伸ばされたり圧縮されたりしています。このようにして岩盤にはひずみが蓄積し、ひずみが限界に達したときに岩盤が破壊されて地震が起こります。

　岩盤が破壊されてずれたところを断層といいます。断層面に対して上側にある岩盤を上盤といい、断層面の下側にある岩盤を下盤といいます。断層は岩盤のずれ方によって分類されています。

　岩盤が破壊されたとき、岩盤が水平方向に引き伸ばされると、上盤がずり落ちます。このような断層を正断層といいます（図3－1）。海嶺付近では、プレートが拡大することによって水平方向に引き伸ばす力がはたらいていますので、正断層の地震が多く発生します。

　一方、岩盤が水平方向に圧縮されると、上盤がのし上がります。このような断層を逆断層といいます（図3－1）。海溝付近では、プレートが収束することによって、水平方向に圧縮する力がはたらいていますので、逆断層の地震が多く発生します。

### 図3-1　正断層と逆断層

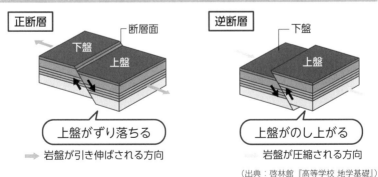

（出典：啓林館『高等学校 地学基礎』）

主に水平方向にずれた断層を横ずれ断層といいます。一方の岩盤

第1章　地球の構造

第2章　プレートの運動

第3章　地震

第4章　火山活動

第5章　地球の大気

第6章　大気の運動

第7章　日本の天気

第8章　地球環境

から見て、断層の向こう側の岩盤が右に動いているものを**右横ずれ断層**といい、断層の向こう側の岩盤が左に動いているものを**左横ずれ断層**といいます（図3-2）。プレートのすれ違う境界では、横ずれ断層の地震が多く発生しています。

図3-2　横ずれ断層

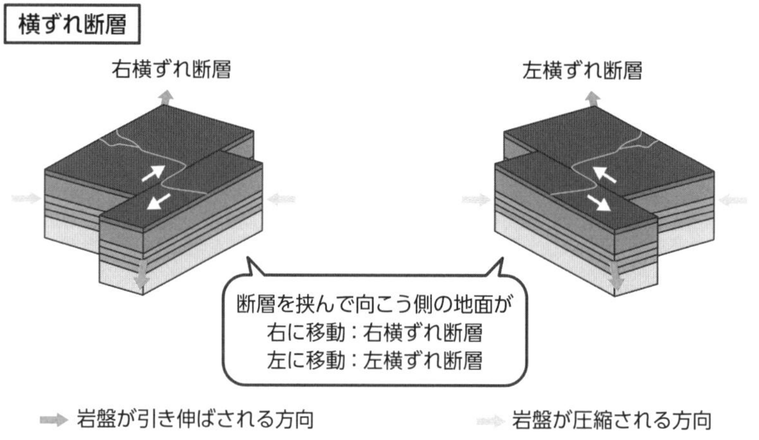

横ずれ断層

右横ずれ断層　　　　　　　　左横ずれ断層

断層を挟んで向こう側の地面が
右に移動：右横ずれ断層
左に移動：左横ずれ断層

➡ 岩盤が引き伸ばされる方向　　　➡ 岩盤が圧縮される方向

（出典：啓林館『高等学校 地学基礎』）

## 地震の発生

　岩盤が破壊されたところでは、P波やS波などの地震波が発生します。P波が伝わってくると、岩盤は波の進行方向と平行な方向に振動します。また、S波が伝わってくると、岩盤は波の進行方向と直角な方向に振動します（図3-3）。

　波の進行方向と物質の振動方向が平行である波を**縦波**といい、波の進行方向と物質の振動方向が直角である波を**横波**といいます。すなわち、P波は縦波であり、S波は横波になります。

　地震が発生したときに、「縦揺れ」という語をよく耳にします

第1章 || 地球の構造

第2章 || プレートの運動

第3章 地震

第4章 || 火山活動

第5章 || 地球の大気

第6章 || 大気の運動

第7章 || 日本の天気

第8章 || 地球環境

が、「縦揺れ」と「縦波」は意味が異なります。縦揺れとは上下方向に揺れることです。

例えば、観測点の真下で地震が発生すると、観測点では上向きにP波（縦波）が伝わってきます。P波は進行方向と振動方向が平行であるため、P波が観測点に到達すると、観測点は上下方向に揺れますので、縦揺れが起こります。

**図3-3　P波とS波**

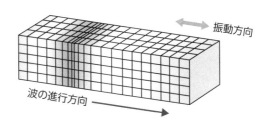

P波（縦波）

振動方向

波の進行方向

S波（横波）

振動方向

波の進行方向

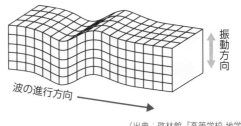

（出典：啓林館『高等学校 地学』）

**図3-4　P波による観測点の揺れ方**

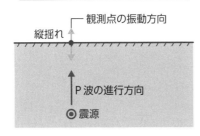

震源が観測点の真下の場合

観測点の振動方向

縦揺れ

P波の進行方向

◎震源

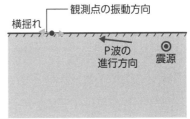

震源が観測点から水平方向に離れている場合

観測点の振動方向

横揺れ

P波の進行方向

◎震源

一方、観測点から水平方向に離れた地点で地震が発生すると、観測点ではP波（縦波）が横向きに伝わってきます。P波が観測点に到達すると、観測点は水平方向に揺れますので、横揺れが起こります（図3-4）。このように、縦波であるP波が伝わってくると、観測点は縦揺れになることもあれば、横揺れになることもあるのです。

## 震源距離

　地震が起こると、P波とS波は、震源で同時に発生します。P波が地表付近を伝わる速度は約5～7km/sです。一方、S波が地表付近を伝わる速度は約3～4km/sです。P波の速度がS波の速度より大きいため、観測点には最初にP波が到着し、その後にS波が到着することになります。

　P波は英語でPrimary wave（primary：最初の）、S波は英語でSecondary wave（secondary：2番目の）と表します。P波は最初に到着する波、S波は2番目に到着する波という意味です。

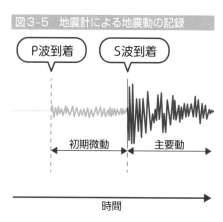

図3-5　地震計による地震動の記録

P波到着　S波到着

初期微動　主要動

時間

　P波が観測点に到着すると、初期微動とよばれる小さな揺れが起こります。その後、S波が観測点に到着すると主要動とよばれる大きな揺れが起こります（図3-5）。P波が到着してからS波が到着するまでは初期微動が続くことになりますので、この時

間を初期微動継続時間といいます。

　ここで、震源距離（観測点から震源までの距離）を$D$、初期微動継続時間を$T$、P波の速度を$V_P$、S波の速度を$V_S$とします。P波が震源から観測点に到着するまでの時間は、震源距離をP波の速度で割って求められますので、$\dfrac{D}{V_P}$となります。同様に、S波が震源から観測点に到着するまでの時間は、$\dfrac{D}{V_S}$となります。初期微動継続時間は、P波が到着してからS波が到着するまでの時間ですから、

$$T = \frac{D}{V_S} - \frac{D}{V_P}$$

と表されます。これを計算すると、

$$T = \frac{V_P D - V_S D}{V_P V_S} = \frac{V_P - V_S}{V_P V_S} \times D$$

となります。よって、

$$D = \frac{V_P V_S}{V_P - V_S} \times T$$

と表されます。この関係式を、震源距離に関する大森公式（おおもり）といいます。

　地震波速度が、$V_P = 5 \, \mathrm{km/s}$、$V_S = 3 \, \mathrm{km/s}$であるとすると、

$$\frac{V_P V_S}{V_P - V_S} = \frac{5 \times 3}{5 - 3} = 7.5$$

となりますので、大森公式は、

$$D = 7.5 \times T$$

となります。この関係式は、地震波速度が一定であるとき、震源距離は初期微動継続時間に比例することを示しています。

第1章 地球の構造

第2章 プレートの運動

第3章 地震

第4章 火山活動

第5章 地球の大気

第6章 大気の運動

第7章 日本の天気

第8章 地球環境

ある観測点において、初期微動継続時間が4.0秒であれば、この観測点から震源までの距離は、

　　　　7.5×4.0＝30km

と求められます。


## 緊急地震速報

　地震が発生したとき、S波によって強い揺れが起こりますので、S波の到着が事前にわかれば、強い揺れによる被害を軽減できる可能性があります。地震発生直後に、強い揺れが起こることを知らせる情報を緊急地震速報といいます。

　地震が発生すると、観測点にはP波が最初に到着しますので、まず震源に近い観測点でP波を感知します。この情報が気象庁に送られ、震源の位置や各地で予想される震度などがコンピュータで高速計算されます。そして、震度4以上または長周期地震動階級3以上が予想される地域に、緊急地震速報（警報）が発表されます（図3-6）。

図3-6　緊急地震速報のしくみ

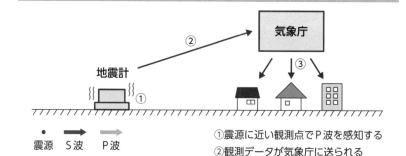

気象庁

地震計

①

②

③

震源　S波　P波

①震源に近い観測点でP波を感知する
②観測データが気象庁に送られる
③強い揺れが予想される地域に緊急
　地震速報（警報）が発表される

第1章 II 地球の構造

第2章 II プレートの運動

第3章 地震

第4章 II 火山活動

第5章 II 地球の大気

第6章 II 大気の運動

第7章 II 日本の天気

第8章 II 地球環境

長周期地震動とは、周期（揺れが1往復するのにかかる時間）が長く、ゆっくりとした大きな揺れのことです。一般的な地震はガタガタと揺れますが、長周期地震動はゆ～らゆ～らと揺れます。高層ビルの高層階でこのような揺れが発生することがあります（図3-7）。長周期地震動によって、高層ビルで予想される被害の程度をもとに、4階級（1～4）に区分した揺れの大きさの指標を長周期地震動階級といいます。

さて、緊急地震速報は、テレビ、ラジオ、携帯電話などで受信することができますが、みなさんは、S波による強い揺れが起こる前に受信されたこともあれば、強い揺れが起こった後に受信されたこともあると思います。ここで、簡単な計算によって、その違いを確認してみましょう。

図3-7　長周期地震動

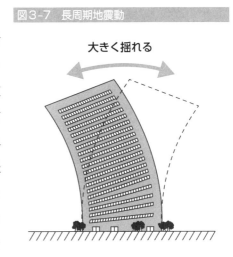

大きく揺れる

地震が発生してから、震源に近い観測点でP波を感知し、気象庁のコンピュータで高速計算した後、みなさんが緊急地震速報を受信するまでに、一般に5～10秒程度の時間を要しています。ここでは、緊急地震速報が地震発生の8秒後に受信されたとしましょう。S波の速度を3 km /sとすると、みなさんが緊急地震速報を受信するまでに、S波は震源から

$3 \times 8 = 24$km

の地点まで伝わっていることになります。

　つまり、震源距離が24km以下の地域では、緊急地震速報の受信よりも先にS波が到着し、強い揺れが起こってしまいます。一方、震源距離が24km以上の地域では、S波が到着する前に、緊急地震速報を受信することができます。

　このように、緊急地震速報はすべての地域で有効に活用できるわけではありませんが、一部の地域だけでも強い揺れが起こる前に情報を伝え、少しでも地震の被害を軽減しようという狙いがあるのです。

　また、震源距離45kmの地点では、S波は地震発生の

$45 \div 3 = 15$秒後

に到着します。緊急地震速報の受信が、地震発生の8秒後ですので、緊急地震速報を受信してから、S波が到着するまでに、

$15 - 8 = 7$秒

しかありません。このわずかな時間で被害を軽減するためにできることは限られます。前もって地震が起こったときの行動などを想定しておくことが大切です。

第1章 地球の構造

第2章 プレートの運動

第3章 地震

第4章 火山活動

第5章 地球の大気

第6章 大気の運動

第7章 日本の天気

第8章 地球環境

# 地震の分布

## 日本付近で発生する地震

　日本付近はプレートの収束する境界にあるため、地震の多い場所となっていますが、日本の地下のどこででも一様に地震が発生しているわけではありません。日本付近で発生する地震は、発生する場所によって大きく3つに分けられています。大陸プレートと海洋プレートの境界で発生する地震をプレート境界地震、大陸プレートの内部で発生する地震を大陸プレート内地震、海洋プレートの内部で発生する地震を海洋プレート内地震といいます（図3-8）。

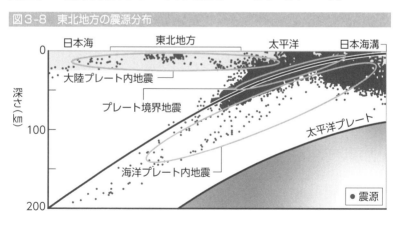

図3-8　東北地方の震源分布

## プレート境界地震

　日本海溝や南海トラフなどのプレートの沈み込み境界では、海洋プレートの沈み込みによって、大陸プレートの先端部が引きずり込

まれてひずみが蓄積しています。すなわち、地震発生前には、海溝付近の大陸プレートの先端部はゆっくり沈降しています（図3-9）。

### 図3-9 地震発生前の日本付近のプレート境界

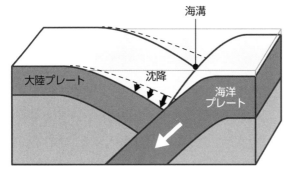

（出典：数研出版『高等学校 地学基礎』）

蓄積したひずみが限界に達したとき、プレートの境界で岩盤の破壊が起こり、プレート境界地震が発生します。このとき、大陸プレートの先端部が元に戻るように急激に隆起します（図3-10）。また、このような地震はマグニチュード8以上の巨大地震となることもあります。

過去に発生したプレート境界地震として、南海トラフで発生した

### 図3-10 地震発生時の日本付近のプレート境界

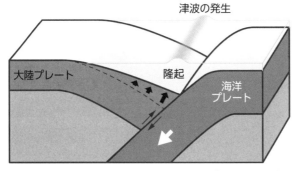

（出典：数研出版『高等学校 地学基礎』）

1944年の昭和東南海地震や1946年の昭和南海地震、2004年にジャワ海溝で発生したスマトラ島沖地震、2011年

第1章
地球の構造

第2章
プレートの運動

第3章
地震

第4章
火山活動

第5章
地球の大気

第6章
大気の運動

第7章
日本の天気

第8章
地球環境

に日本海溝で発生し、東日本大震災を引き起こした東北地方太平洋沖地震などがあります。プレートの運動は続いていますので、このような海溝沿いの巨大地震は今後もくり返し発生すると考えられます。特に、南海トラフでの巨大地震が1946年以降70年以上も発生していないことから、南海トラフ沿いの岩盤にはひずみが蓄積していますので、数年〜数十年以内に巨大地震が発生することが心配されているのです。ちなみに1946年の前に四国沖の南海トラフ沿いで発生した巨大地震は、1854年の安政南海地震になります。

## 海岸段丘

　海岸付近では、波による侵食によって、海食崖とよばれる急な崖や海食台とよばれる平坦な地形が形成されることがあります。海溝沿いの巨大地震が起こると、土地が急激に隆起し、海食台が海面下から陸上に現れることがありますので、これがくり返されると、海岸付近に海岸段丘とよばれる階段状の地形が形成されます。

　プレートの収束する境界にある日本列島では、巨大地震がくり返し発生してきましたので、海溝に近い海岸では海岸段丘が形成されているところがあります。房総半島にある千葉県館山市の見物海岸では、1703年の元禄関東地震と1923年の大正関東地震のときに隆起した海食台を観察することができます（図3-11）。この海食台がかつて海底にあったことの証拠として、段丘面上には海の生物の化石が見られます。

図3-11　巨大地震によって隆起した見物海岸の段丘面

1703年 元禄関東地震で隆起した海食台

1923年 大正関東地震で隆起した海食台

## 大陸プレート内地震

　海溝沿いのプレート境界地震は、日本列島の太平洋側の海岸線から100〜200km離れた場所で発生しますが、私たちの足元の地下10〜20km程度のところで地震が発生することもあります。海洋プレートが日本列島に近づくように動いていますので、日本付近の大陸プレートは水平方向に押されて、岩盤が破壊され、地震が発生します。このような大陸プレート内地震は、大陸地殻の内部の浅いところで発生していますので、内陸地殻内地震とよばれることもあります。また、防災上の観点から直下型地震とよぶこともあります。

　日本列島で過去に発生した大陸プレート内地震として、1995年の兵庫県南部地震、2000年の鳥取県西部地震、2004年の新潟県中越地震、2008年の岩手・宮城内陸地震、2016年の熊本地震、2018年の北海道胆振東部地震、2020年から活発な地震活動が続いている石川県能登地方の地震などがあります。これらの地震は、プレート境界地震に比べるとマグニチュードはやや小さい傾向にあります

が、私たちのすぐ足元で起こりますので、過去にくり返し大きな災害を引き起こしてきました。

　大陸プレート内地震は、過去に動いた断層が再び動いて起こることがよくあります。過去数十万年以内にくり返し活動し、今後も活動する可能性の高い断層を活断層といいます。また、大陸プレート内地震のように震源が浅い地震では、断層が地表に現れることもあります。このような断層を地表地震断層といいます。

## 海洋プレート内地震

　海洋プレートの内部で発生する海洋プレート内地震のうち、特に震源の深い地震を深発地震といいます。深発地震の震源は、海溝から海洋プレートが沈み込む方向に深くなっていきます。深発地震が多発する場所は、日本の和達清夫（1902〜1995年）とアメリカのヒューゴー・ベニオフ（1899〜1968年）によって発見され、和達ーベニオフ帯（深発地震面）とよばれています。深発地震は深さ約700kmまで発生することが観測されています。日本付近で発生した海洋プレート内地震として、1993年の釧路沖地震があります。この地震の震源の深さは101kmでした。

　ほぼ水平方向に移動してきた海洋プレートが海溝から沈み込むためには、プレートが大きく曲がる必要があります。海溝の沖側（陸と反対側）でプレートが大きく曲がるとき、海洋プレートの上部には引っ張る力がはたらくため、地震が発生することがあります。このような地震を特にアウターライズ地震といいます。2007年に発生した千島列島沖地震は、正断層型のアウターライズ地震でした。

第1章　地球の構造

第2章　プレートの運動

第3章　地震

第4章　火山活動

第5章　地球の大気

第6章　大気の運動

第7章　日本の天気

第8章　地球環境

# 地震災害

斜面災害

　地震が発生すると、地震動によって建物が倒壊するだけでなく、山の斜面などで土砂や岩石が移動することもあります。このような土砂や岩石によって起こる災害を斜面災害（土砂災害）といいます。斜面災害は、地震だけでなく、大雨によって起こる場合もあります。斜面災害は、崖崩れ、土石流、地すべりの大きく3つに分類されています。

　崖崩れは、地震動や大雨によって、急斜面が崩れ落ちる現象です。突発的に土砂や岩石が落下し、大きな被害をもたらすこともあります。2023年5月の石川県能登地方で震度6強を観測した地震では、数か所で崖崩れが発生しました。

　土石流は、谷底にたまった土砂などが、大雨による大量の水と一体となって高速で流れ下る現象です。移動距離が長く、巨大な岩石も運ばれますので、強い破壊力によって大きな被害をもたらします。2014年の広島豪雨や2017年の九州北部豪雨などで発生した土石流は、流域に甚大な被害をもたらしました。

　地すべりは、地下のすべりやすい地層に沿って、斜面の一部または大部分が下方へ移動する現象です。例えば、粘土でできた地層は水を通しにくいため、粘土の地層の上側の境界はすべりやすい面となっています（図3-12）。斜面の移動速度は遅いこともありますが、広

い範囲が動くこと
もあります。2008
年の岩手・宮城内
陸地震や2018年
の北海道胆振東部
地震などでは、大
規模な地すべりが
発生しました。

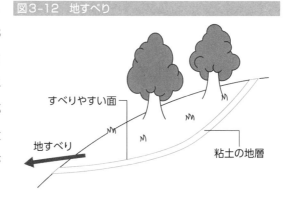

図3-12　地すべり

すべりやすい面

地すべり

粘土の地層

## 液状化現象

　水を含んだ砂の地盤（埋め立て地や河川沿いの地域）では、地震動
によって地盤を構成する砂の粒子どうしの結合が弱まり、水ととも
に地盤全体が液体のようにふるまうことがあります。この現象を液
状化現象といいます（図3-13）。

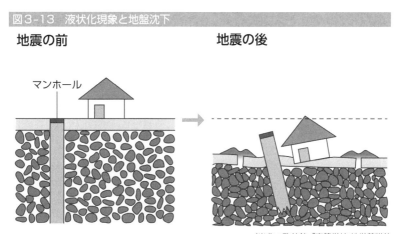

図3-13　液状化現象と地盤沈下

**地震の前**

**地震の後**

マンホール

（出典：啓林館『高等学校 地学基礎』）

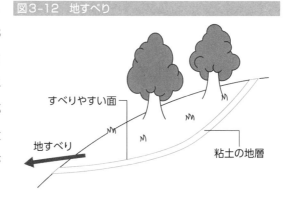

第1章
地球の構造

第2章
プレートの運動

第3章
地震

第4章
火山活動

第5章
地球の大気

第6章
大気の運動

第7章
日本の天気

第8章
地球環境

液状化が起こると、地下の水は砂とともに上昇して、地盤の割れ目から地表に噴出することがあります。この現象を噴砂といいます。また、水が流出して地盤が沈下し、建物が傾いたり、マンホールが浮き上がったりすることもあります。地下水をくみ上げたり、液状化現象によって地下水が流出したりして、地盤が沈む現象を地盤沈下といいます。


## 津　波

　海溝沿いのプレート境界地震やアウターライズ地震（海洋プレート内地震）は、海底の浅いところで発生する場合があります。このような地震では、断層のずれによって、海底が急激に隆起することがあります。海底が急激に隆起すると、その上の海水全体が持ち上げられますので、海面では巨大な波が発生します。このような波を津波といいます。

　重力加速度を$g$、水深を$h$とすると、津波の進む速さ$v$は、

$$v = \sqrt{gh} \qquad (g = 9.8\text{m/s}^2)$$

と表されます。例えば、太平洋の平均的な深さである水深4000mの海では、津波の進む速さは、

$$\sqrt{9.8 \times 4000} \fallingdotseq \sqrt{40000} = 200\text{m/s} \qquad (720\text{km/h})$$

と求められます。この速さは、ジェット機の速さに近い値です。1960年と2010年に発生したチリ地震では、チリ沖で津波が発生し、約1万7000㎞離れた日本の三陸海岸に、地震発生の約22時間後に到達しました。水深の浅いところでは津波の進む速さは遅くなりますが、日本の沿岸で発生した津波は、地震発生の約10〜20分

後に海岸に到達することがあります。

　津波は陸に近づくほど高い波となり、特に湾の奥では海水が押し寄せるため、数十mの高さになることもあります。2011年の東北地方太平洋沖地震では、海岸での津波の高さが最大で約20mに達したことが観測されています。津波から避難するための時間や場所には限りがありますので、前もって避難場所や避難経路などを確認しておくことも大切です。

第1章
地球の構造

第2章
プレートの運動

第3章
地震

第4章
火山活動

第5章
地球の大気

第6章
大気の運動

第7章
日本の天気

第8章
地球環境

# 火山活動

## 火山噴火

マグマの上昇

　地下の岩石が融けたものをマグマといいます。地下100km付近で発生したマグマは、周囲の岩石よりも密度が小さいため、地下10km付近まで上昇してマグマだまりを形成します。

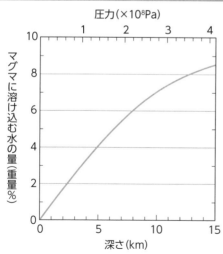

図4-1　マグマに含むことのできる水の量

圧力(×10⁸Pa)

マグマに溶け込む水の量(重量%)

深さ(km)

　マグマには、水、二酸化炭素、二酸化硫黄などの揮発性成分（ガスになりやすい成分）が含まれています。一般に圧力が高いほど、マグマに含むことのできる水の量は多くなります（図4-1）。

　地球内部は深いところほど圧力が高いため、地下の深いところではマグ

マに多くの水を含むことができます。地下の深いところから水を含んだマグマが上昇してくると、地下の浅いところではマグマに多くの水を含むことができませんので、マグマに含まれている一部の水が水蒸気となって発泡します。

　マグマの発泡と同じような現象が、炭酸飲料のふたを開けたときに起こります。炭酸飲料は、高い圧力をかけて水に二酸化炭素を溶かし込んだものです。炭酸飲料のふたを開けると、圧力が下がり、水に二酸化炭素が溶け込めなくなるため、炭酸飲料から二酸化炭素の泡が出てきます。マグマと炭酸飲料は、圧力が下がると発泡するという性質があるのです（図4-2）。

　水が水蒸気になるとき、気泡が急激に膨張します。すなわち、マグマの発泡が起こると、その気泡を含んだマグマの体積は急激に増加します。発泡する前のマグマと比べると、発泡したマグマの体積

**図4-2　マグマと炭酸飲料の発泡**

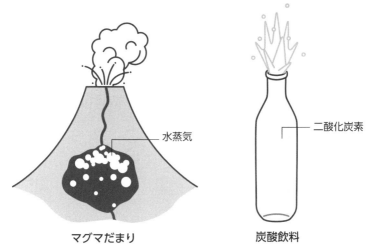

水蒸気

二酸化炭素

マグマだまり　　　　　炭酸飲料

第1章　地球の構造

第2章　プレートの運動

第3章　地震

第4章　火山活動

第5章　地球の大気

第6章　大気の運動

第7章　日本の天気

第8章　地球環境

は数百倍になることもあります。体積の増加によって、マグマの平均密度は小さくなりますので、マグマはさらに上昇しやすくなります。このようにしてマグマが地表に到達し、噴火が起こることがあるのです。

### 火山噴出物

　火山が噴火すると、地表には様々なものが放出されます。これを**火山噴出物**といいます。火山噴出物は、溶岩、火山ガス、火山砕屑物（火砕物）に分けられます（図4-3）。

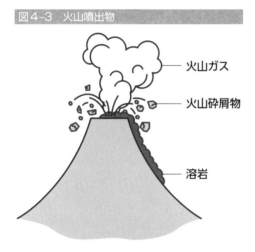

図4-3　火山噴出物

- 火山ガス
- 火山砕屑物
- 溶岩

　溶岩はマグマが地表に噴出したものです。冷え固まっていないものもあれば、冷え固まったものもあります。特に、溶岩が山腹を流れ下る現象は溶岩流といいます。一般に溶岩流の速度は時速10km以下であるため、歩行によって避難できる場合もあります。1986年の三原山（伊豆大島）の噴火では、溶岩流が集落に接近したため、全島民が島の外へ約1か月間避難しました。三原山は現在も山体が膨張を続けていますので、地下にマグマが供給され続けていると考えられています。

　溶岩には様々な形態があります。粘性（粘り気）の大きい溶岩の

表面には塊状溶岩が形成されたり、粘性の小さい溶岩の表面には縄状溶岩が形成されたりします（図4−4・図4−5）。また、水中に押し出されるように噴出した溶岩は枕状溶岩となります。枕状溶岩は水中で急冷されていますので、表面には放射状のひび割れが見られることもあります（図4−6）。

図4-4　塊状溶岩　　図4-5　縄状溶岩

図4-6　ひび割れした枕状溶岩

火山ガスは、火口や噴気孔から放出された気体です。火山ガスの大部分は水蒸気であり、二酸化炭素、二酸化硫黄、硫化水素なども少し含まれています。二酸化硫黄は刺激臭があり、吸い込むと気管支喘息や気管支炎などの呼吸器疾患を引き起こすことがあります。また、硫化水素は腐卵臭があり、吸い込むと呼吸麻痺などを引き起

第1章　地球の構造

第2章　プレートの運動

第3章　地震

第4章　火山活動

第5章　地球の大気

第6章　大気の運動

第7章　日本の天気

第8章　地球環境

こすことがあります。

　秋田県の泥湯温泉には火山ガスが噴出するところがあり、2005年には硫化水素による死亡事故が発生したため、立ち入り禁止になっている区域があります。また、青森県の酸ヶ湯温泉でも2010年に硫化水素による死亡事故が発生しています。火山ガスには危険な成分が含まれていることを理解しておかなければなりません。

　火山砕屑物（火砕物）は、マグマや山体の一部が飛散したものです。火山砕屑物は、大きさによって分類されることがあります。火山砕屑物のうち、直径64mm以上のものを火山岩塊、直径2〜64mmのものを火山礫、直径2mm以下のものを火山灰といいます。

　2010年のエイヤフィヤトラヨークトル火山（アイスランド）の噴火では、大量の火山灰がヨーロッパの上空に拡散されたため、ヨーロッパの多くの国で航空機が欠航することとなりました。火山灰は航空機のエンジンを損傷させることが知られています。1982年のガルングン山（インドネシア）の噴火では、火山灰が高度1万m以上まで噴き上がり、飛行中のボーイング747型機のすべてのエンジンが停止してしまいました。その後、一部のエンジンが再始動できたため、ジャカルタ市内の空港に緊急着陸することができ、墜落を回避しました。このような事故を防ぐために、航空路火山灰情報センター（ＶＡＡＣ：Volcanic Ash Advisory Center）が設立され、現在では上空の火山灰に関する情報が航空関係者に迅速に伝えられています。

　日本の上空は偏西風が卓越しています（吹きやすい）ので、上空に放出された火山灰は火口よりも東側に落下する傾向があります。

火山灰は呼吸器や目を傷つけることがあるため、注意が必要です。鹿児島地方気象台では、桜島が噴火したときの降灰情報を発表していますので、このような情報を活用することも重要です（図4-7）。

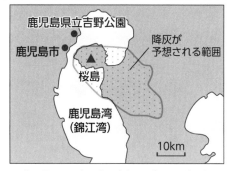

図4-7　桜島の噴火によって少量の降灰が予想される範囲

2022年9月30日11時44分の噴火で15時までの降灰を示す。
（鹿児島地方気象台発表の情報を基に作成）

　火山砕屑物は、形態によって分類されることもあります。マグマが急速に発泡しながら火口から放出されると、多孔質の（多数の穴があいている）火山砕屑物ができます。このような火山砕屑物のうち、白いものを軽石、黒いものをスコリアといいます（図4-8・図4-9）。

　爆発的な噴火によって、マグマが空中に放出されると、空中で冷却されて特徴的な形をもつ火山砕屑物が形成されることがあります。このような火山砕屑物を火山弾といいます。火山弾には、空中

図4-8　軽　石

3cm

図4-9　スコリア

2cm

第1章　地球の構造
第2章　プレートの運動
第3章　地震
第4章　火山活動
第5章　地球の大気
第6章　大気の運動
第7章　日本の天気
第8章　地球環境

**図4-10 パン皮状火山弾**

3 cm

で変形してできる**紡錘状火山弾**、地面に落下したときに変形してできる**牛糞状火山弾**、地面に落下した後に膨らんで表面がひび割れてできる**パン皮状火山弾**などがあります（図4−10）。

### 火山噴火の種類

　マグマが地表に放出される現象を**マグマ噴火**といいます。マグマ噴火の様式は、主にマグマの粘性やマグマに含まれる揮発性成分の量などによって異なり、比較的穏やかな噴火となることもあれば、爆発的な噴火となることもあります（図4-11）。

　粘性の小さい（玄武岩質）溶岩が連続的に流れ出す噴火を**ハワイ式噴火**といいます。マグマが噴水のように噴出することもあります。ハワイ式噴火は、ハワイ島のキラウエア火山やマウナロア火山などで見られます。

**図4-11 マグマ噴火の様式**

| 噴火の様式 | ハワイ式 | ストロンボリ式 | ブルカノ式 | プリニー式 |
|---|---|---|---|---|
| マグマの粘性 | 小さい ⟵ | | | ⟶ 大きい |
| 揮発性成分 | 少ない ⟵ | | | ⟶ 多い |

粘性の比較的小さい（玄武岩質〜安山岩質）マグマや溶岩の破片が小規模な爆発で噴出し、これが周期的にくり返されるような噴火をストロンボリ式噴火といいます。ストロンボリ式噴火は、ストロンボリ島（イタリア）、パリクティン山（メキシコ）、阿蘇山の中岳（熊本県）、伊豆大島の三原山（東京都）などで発生しました。

　粘性の比較的大きい（安山岩質）マグマが一時的に火口や火道をふさぎ、数時間〜数日おきに大きな音を伴う爆発をくり返すような噴火をブルカノ式噴火といいます。この噴火では噴石や溶岩流を伴うことが多く、爆発による空気の振動で窓ガラスが割れることもあります。ブルカノ式噴火は、ブルカノ火山（イタリア）、桜島（鹿児島県）、浅間山（長野県・群馬県）などで発生しています（図4-12）。

　マグマと火山ガスが火口から爆発的に噴出し、大規模な噴煙柱を形成し、多量の火山灰や軽石を降らせるような噴火をプリニー式噴

**図4-12　2012年の桜島の噴火**

鹿児島県立吉野公園（桜島の北西側）から撮影。

第1章　地球の構造

第2章　プレートの運動

第3章　地震

第4章　火山活動

第5章　地球の大気

第6章　大気の運動

第7章　日本の天気

第8章　地球環境

火といいます。この噴火は、粘性の大きい（デイサイト質〜流紋岩質）マグマの活動によって発生する傾向があります。79年のベスビオ火山（イタリア）の噴火では、古代都市ポンペイが、大量の軽石や火山灰で埋没しました。1991年のピナツボ火山（フィリピン）の噴火では、噴出した火山灰や火山ガスが高度20km以上まで到達しました。日本では1977年に有珠山（北海道）でプリニー式噴火が発生し、噴煙は高度10kmに達しました。

　一方、マグマが放出されない噴火もあります（図4-13）。火山の地下にある水が上昇してきたマグマに加熱されて水蒸気になるとき、水蒸気が急激に膨張して爆発的な噴火が起こることがあります。このような噴火を水蒸気噴火といいます。水蒸気噴火では、上昇してきたマグマは地表に放出されず、火山ガスや山体の一部が放出されます。1888年の磐梯山（福島県）や2014年の御嶽山（長野県・岐阜県）では、水蒸気噴火によって多くの犠牲者が出ました。

　火山の地下にある水が上昇してきたマグマに接触し、水蒸気となって急激に膨張することによって起こる爆発的な噴火をマグマ水蒸気噴火といいます。マグマ水蒸気噴火では、上昇してきたマグマに由来する物質が地表に放出されます。1983年の三宅島（東京都）では、海岸付近に新しい火口ができ、マグマが地下水や海水と接触して爆発が起こりました。1989年には伊東湾（静岡県伊東市の沖）の海底にある手石海丘（水深約100m）でマグマ水蒸気噴火が発生し、海上では水柱が約100mの高さまで上昇しました。

第1章 地球の構造

第2章 プレートの運動

第3章 地震

第4章 火山活動

第5章 地球の大気

第6章 大気の運動

第7章 日本の天気

第8章 地球環境

**図4-13　噴火の種類**

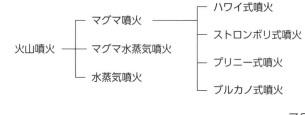

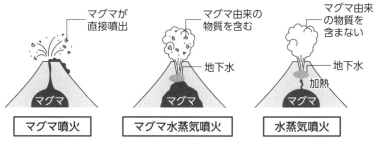

## マグマの性質

　噴火の様式に影響を及ぼすマグマの粘性は、マグマの温度とマグマに含まれる二酸化ケイ素（$SiO_2$）の割合によって変化します。温度が低いほど、マグマの粘性は大きくなります。また、$SiO_2$成分の割合が大きいほど、マグマの粘性は大きくなります。

　温度が高く、$SiO_2$成分の割合が小さい玄武岩質マグマは、粘性が小さく流れやすい性質があります。一方、温度が低く、$SiO_2$成分の割合が大きい流紋岩質マグマは、粘性が大きく流れにくい性質があります（図4-14）。

図4-14　マグマの性質

| マグマの性質 | 玄武岩質 | 安山岩質 | デイサイト質 | 流紋岩質 |
|---|---|---|---|---|
| 粘性 | 小さい<br>（流れやすい） → | | | 大きい<br>（流れにくい） |
| 温度 | 高い<br>（1200℃） → | | | 低い<br>（900℃） |
| $SiO_2$ の割合 | 小さい → | | | 大きい |

## 火山災害

　温泉や地熱発電など、私たちは火山から多くの恩恵を受けていますが、火山活動は大きな災害をもたらすこともあります。上空に放出された火山灰によって航空機のエンジンが故障することもあれば、落下した火山灰によって農作物が被害を受けることもあります。

　また、火山の爆発的な噴火によって、火砕流（かさいりゅう）が発生することがあります。火砕流とは、高温の火山ガスが火山灰や軽石などの火山砕屑物とともに高速で山腹を流れ下る現象です。

　火砕流の速度は時速100㎞以上となることもありますので、走って逃げることはできません。1991年の雲仙普賢岳（うんぜんふげんだけ）（長崎県）では、爆発的な噴火によって山体の一部が破壊されて火砕流が発生し、2014年の御嶽山では、噴煙柱が落下することによって火砕流が発生しました。火砕流は過去に日本の火山で何度も発生し、多くの死者を出してきた危険な現象であることを忘れてはいけません。

　このような火山災害の対策として、被害の範囲を予測したハザードマップが作成されています。火山のハザードマップでは、想定される火砕流の到達範囲、降灰の範囲、土石流や火山泥流などの二次

災害の範囲などが示されているものもあります。

　火山災害だけでなく、洪水や土砂災害などのハザードマップも地域ごとに作成されています。災害が起こる前にハザードマップに目を通して、避難場所や避難ルートなどを検討しておくことも重要になります。

## 火山の形

　マグマが地表に噴出し、冷え固まった溶岩によって、火山が形成されることがあります。火山には、昭和新山のような溶岩円頂 丘（溶岩ドーム）、富士山や浅間山のような成層火山、ハワイのマウナロアのような盾 状 火山など、様々な形があります（図4-15）。

### 図4-15　火山の形

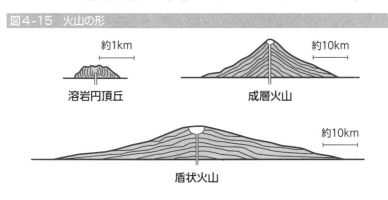

　火山の形は、主にマグマの粘性によって決まります。盾状火山のような傾斜の緩やかな火山は、粘性が小さい玄武岩質マグマによってできます。盾状火山は噴火をくり返し、大規模な火山となることもあります。一方、溶岩円頂丘のような傾斜が急な火山は、粘性の大きいデイサイト質や流紋岩質のマグマによってできます。

第1章　地球の構造
第2章　プレートの運動
第3章　地震
第4章　火山活動
第5章　地球の大気
第6章　大気の運動
第7章　日本の天気
第8章　地球環境

成層火山は安山岩質マグマの活動によって形成されることが多く、玄武岩質やデイサイト質のマグマの活動によってもできることがあります。浅間山や桜島は主に安山岩でできていますが、富士山は主に玄武岩でできています。また、噴火が起こると、火口から溶岩が流れ、火山砕屑物（火山灰など）が放出されますので、成層火山は溶岩と火山砕屑物がくり返し積み重なってできています。

　粘性の大きいマグマは、マグマから気泡が抜けにくいため、爆発的な噴火を起こしやすい性質があります。爆発的な噴火が起こると、地下の大量のマグマが噴出することによってマグマだまりに空洞ができ、その上の山体が陥没して、カルデラというくぼ地を形成することがあります。

### 火山の分布

　地球上に分布する火山は、どこにでも一様に分布しているのではなく、プレートの拡大する境界や沈み込み境界に集まっています。プレートの拡大する境界である海嶺では、マントル物質が上昇し、玄武岩質マグマが発生しています。大西洋中央海嶺の上にあるアイスランドにも多くの火山が分布しています。

　一方、プレートの沈み込み境界にある日本列島にも多くの火山が分布しています。日本の火山は、海溝よりも大陸側に約100〜300kmの場所に分布しています。火山が分布している地域の海溝側の境界線を火山前線（火山フロント）といいます。すなわち、火山は、火山前線よりも大陸側に分布し、火山前線と海溝の間には火山が存在しないことになります（図4−16）。

過去1万年以内に噴火したことがある火山および現在活発な噴気活動のある火山を活火山といいます。世界には約1500の活火山があり、そのうち日本には約110の活火山があります。日本は、世界の中でも特に火山活動が活発な場所にあるのです。

第1章 地球の構造

第2章 プレートの運動

第3章 地震

第4章 火山活動

第5章 地球の大気

第6章 大気の運動

第7章 日本の天気

第8章 地球環境

**図4-16　日本の火山の分布**

- ▲ 活火山
- △ その他の主な火山
- ～ 火山前線
- ― 海溝・トラフ

有珠山・昭和新山
駒ヶ岳
十勝岳
鳥海山
吾妻山
御嶽山
那須岳
三瓶山（さんべさん）
浅間山
阿蘇山
富士山
箱根山
雲仙岳
桜島
伊豆大島（三原山）
硫黄島
三宅島（雄山）（おやま）
フィリピン海プレート
諏訪之瀬島
太平洋プレート

（出典：啓林館『高等学校 地学基礎』）

# 火成岩

## 火成岩の組織

　地殻を構成する岩石のうち、マグマが冷え固まってできた岩石を火成岩（かせいがん）といいます。火成岩は様々な鉱物が集まってできています。鉱物の大きさや集まり方を岩石の組織といいます。

　火成岩のうち、マグマが地下の深いところでゆっくり冷え固まった岩石は深成岩（しんせいがん）とよばれ、大きく成長した鉱物が集まっています。このような組織を等粒状組織（とうりゅうじょう）といいます。

　一方、火成岩のうち、マグマが地表付近で急に冷え固まった岩石は火山岩とよばれ、大きな鉱物のまわりに細かい鉱物や火山ガラスなどが集まっています。このような組織を斑状組織（はんじょう）といいます。地下のマグマだまりなどでゆっくり冷え固まった部分が大きな鉱物となり、その鉱物を取り込んだマグマが地表付近まで上昇し、急に冷え固まった部分が細かい鉱物や火山ガラスになります。斑状組織に見られる大きな鉱物を斑晶（はんしょう）といい、細かい鉱物や火山ガラスを石基（せっき）といいます。

## 火成岩の分類

　岩石の組織によって火山岩と深成岩に分けられた火成岩は、さらに岩石の化学組成（元素の割合）によって分けられます。火成岩に最も多く含まれる成分は二酸化ケイ素（$SiO_2$）であり、火成岩はそ

の量によって分類されることが
あります。火成岩はSiO₂が多い
ほうから順に、ケイ長質岩、中
間質岩、苦鉄質岩、超苦鉄質岩
に分けられます（表4-1）。

第1章
地球の構造

第2章
プレートの運動

第3章
地震

第4章
火山活動

第5章
地球の大気

第6章
大気の運動

第7章
日本の天気

第8章
地球環境

表4-1　SiO₂による火成岩の分類

| ケイ長質岩 | 63%以上 |
|---|---|
| 中間質岩 | 52〜63% |
| 苦鉄質岩 | 45〜52% |
| 超苦鉄質岩 | 45%以下 |

　SiO₂が多いほうから順に、火
山岩は流紋岩、デイサイト、安山岩、玄武岩に分けられ、深成岩は
花こう岩、閃緑岩、斑れい岩に分けられます（図4-17・図4-18）。
また、斑れい岩（苦鉄質岩）よりもSiO₂の割合が小さい深成岩に、
マントル上部を構成しているかんらん岩（超苦鉄質岩）があります。

図4-17　火山岩の分類

| 岩石の種類 | 苦鉄質岩 | 中間質岩 | ケイ長質岩 | |
|---|---|---|---|---|
| SiO₂(質量%) | 45 ←→ 52 | 52 ←→ 63 | 63 ←→ 70 | 70 ←→ 75 |
| 火山岩 | 玄武岩 | 安山岩 | デイサイト | 流紋岩 |

図4-18　深成岩の分類

| 岩石の種類 | 苦鉄質岩 | 中間質岩 | ケイ長質岩 |
|---|---|---|---|
| 深成岩 | 斑れい岩 | 閃緑岩 | 花こう岩 |
| 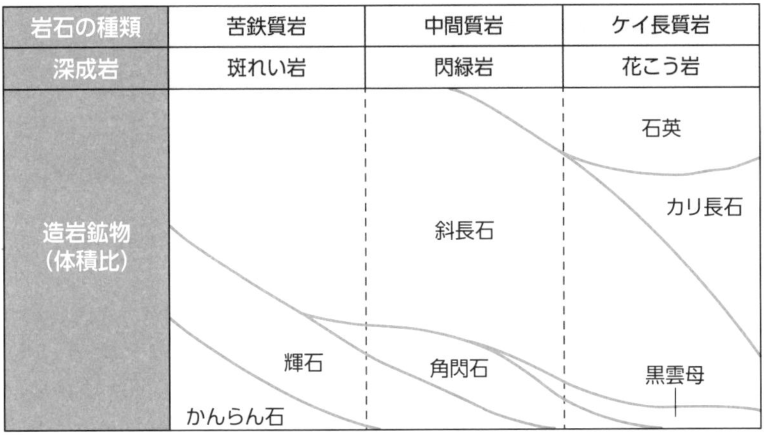 造岩鉱物（体積比） | | | 石英 / カリ長石 / 斜長石 / 輝石 / 角閃石 / 黒雲母 / かんらん石 |

87

### 有色鉱物と無色鉱物

　火成岩には白っぽい岩石もあれば黒っぽい岩石もあります。火成岩の色は、火成岩に含まれる鉱物によって変化します。

　火成岩に含まれるかんらん石、輝石、角閃石、黒雲母などの鉱物は、黒っぽい色であるため、有色鉱物とよばれます。有色鉱物を多く含む苦鉄質岩（玄武岩や斑れい岩）や超苦鉄質岩（かんらん岩）は黒っぽい色の岩石になります。また、有色鉱物はマグネシウムや鉄を多く含んでいるため、苦鉄質鉱物とよばれることもあります。

　一方、石英、カリ長石、斜長石などの鉱物は白っぽい色であるため、無色鉱物とよばれます。無色鉱物を多く含むケイ長質岩（流紋岩や花こう岩）は白っぽい色の岩石になります。また、無色鉱物はケイ素を多く含んでいるため、ケイ長質鉱物とよぶこともあります。

　このように、火成岩には有色鉱物と無色鉱物が様々な割合で含まれています。火成岩に含まれる有色鉱物の占める割合を体積比で示したものを色指数といいます。

　例えば、色指数が20の火成岩は、岩石全体のうち20体積％が有色鉱物になります。有色鉱物の量が少ないケイ長質岩の色指数は一般に10以下であり、有色鉱物の量が多い苦鉄質岩や超苦鉄質岩の色指数は一般に40以上になります。

### ケイ酸塩鉱物

　岩石を構成している鉱物は、原子やイオンが規則正しく配列している固体であり、結晶とよぶこともあります。火成岩の造岩鉱物

は、1個のケイ素と4個の酸素からな
るSiO$_4$四面体が骨組みとなって結晶
構造をつくっています（図4-19）。

　例えば、かんらん石では、SiO$_4$四面
体が結合せずに独立していますが、輝
石では、SiO$_4$四面体が鎖状につながっ
ています。どちらもSiO$_4$四面体の間に

第1章　地球の構造

第2章　プレートの運動

第3章　地震

第4章　火山活動

第5章　地球の大気

第6章　大気の運動

第7章　日本の天気

第8章　地球環境

### 図4-19　SiO$_4$四面体

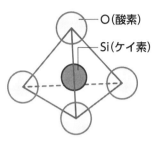

は、鉄（Fe）やマグネシウム（Mg）のイオンが入り込んでいます。
このように、SiO$_4$四面体が結晶構造の骨組みになっている鉱物をケ
イ酸塩鉱物といいます（図4-20）。

### 図4-20　ケイ酸塩鉱物の結晶構造

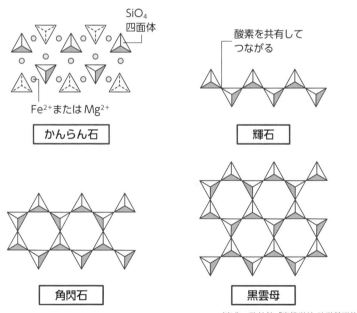

（出典：啓林館『高等学校 地学基礎』）

鉱物は特定の方向に割れることもあれば、不規則に割れることもあります。鉱物が特定の方向に割れる性質を**へき開**といいます。

　ケイ酸塩鉱物において、$SiO_4$四面体どうしは非常に強く結合していますので、鉱物が割れるときには、$SiO_4$四面体のつながりがないところで割れます。例えば、かんらん石では、$SiO_4$四面体が独立していますので、様々な割れ方をします。すなわち、かんらん石にはへき開がありません。

　一方、輝石では、$SiO_4$四面体が鎖状につながっていますので、鎖を切るような割れ方はしませんが、$SiO_4$四面体の鎖と鎖のすき間で（$SiO_4$四面体がつながっている方向と平行に）割れます。このように、輝石は特定の方向に割れますので、へき開があります。


## 固溶体

　かんらん石や輝石には、$SiO_4$四面体の骨組みの間に鉄やマグネシウムなどのイオンが入り込んでいます。鉄とマグネシウムのどちらが入り込んでいてもかんらん石や輝石はできますので、かんらん石や輝石には、鉄が多く含まれているものもあれば、マグネシウムが多く含まれているものもあります。

　鉄が入り込んでいても、マグネシウムが入り込んでいても、他の原子やイオンの配列のパターンは変わりません。このように、結晶構造（原子やイオンの配列のパターン）は変化せず、化学組成が連続的に変化する鉱物を**固溶体**といいます。

　かんらん石と輝石だけなく、角閃石や黒雲母などの苦鉄質鉱物には、鉄とマグネシウムが含まれていますが、その割合は様々に変化

します。すなわち、かんらん石、輝石、角閃石、黒雲母などの苦鉄質鉱物は固溶体です。

## マグマの発生

　マントル上部は主にかんらん岩でできていますが、かんらん岩の一部が融けることによって、マグマが発生することがあります。岩石の融けやすい成分が部分的に融けることを部分溶融といいます。

　マントル上部でかんらん岩が融け出すためには、マントル上部の温度がかんらん岩の融け出す温度（融点）よりも高くなる必要があります。通常は、マントル上部の温度はかんらん岩の融け出す温度よりも低いため、かんらん岩は融けていません。

　ところが、海嶺やホットスポットの地下では、マントル上部の物質が深いところから上昇していますので、圧力の低下によってマントル物質の温度がかんらん岩の融け出す温度を超え、かんらん岩の部分溶融が起こります（図4-21）。

　かんらん岩は融けやすい成分だけが融けていますので、このようにして発生したマグマはかんらん岩とは少し成分の異なる玄武岩質マグマになります。このマグマが上昇して、海嶺やホットスポットでは玄武岩質マグマの活動が起こります。

　一方、日本列島のようなプレートの沈み込み境界で発生するマグマは、海嶺やホットスポットで発生するマグマとは生成過程が異なります。日本の地下には海洋プレートが沈み込むことによって水が供給されています。この水が地下のかんらん岩に含まれると、かんらん岩の融け出す温度が低下するため、マグマが発生しやすくなる

第1章　地球の構造
第2章　プレートの運動
第3章　地震
第4章　火山活動
第5章　地球の大気
第6章　大気の運動
第7章　日本の天気
第8章　地球環境

のです。

図4-21 かんらん岩の融解曲線

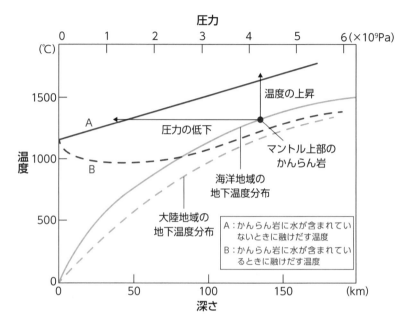

（出典：啓林館『高等学校 地学基礎』）

## マグマの結晶分化作用

　マントル上部でかんらん岩の部分溶融によって発生した玄武岩質マグマは、地殻内を上昇しながら温度が低下していきます。マグマの温度が下がると、マグマに溶けている成分が結晶（鉱物）となって冷え固まります。

　一般にマグマから晶出（結晶が出てくること）する鉱物は、石英、斜長石、カリ長石、黒雲母、角閃石、輝石、かんらん石などがありますが、これらが同じ温度で同時に冷え固まるわけではありま

せん。高い温度で冷え固まる鉱物もあれば、低い温度で冷え固まる鉱物もあります。

　マントル上部で発生した高温の玄武岩質マグマの温度が下がり始めると、最初にかんらん石やカルシウム（Ca）に富む斜長石が晶出します。これらの鉱物がマグマの底に沈んで、マグマから取り除かれると、残りのマグマの化学組成（溶け込んでいる成分の割合）が変化します。

　例えば、かんらん石には鉄やマグネシウムが多く含まれていますので、マグマからかんらん石が取り除かれると、残りのマグマに溶け込んでいる鉄やマグネシウムの割合は減少します。一方で、残りのマグマに溶け込んでいる二酸化ケイ素（$SiO_2$）の割合は上昇します。

　このようにして、玄武岩質マグマとは異なる化学組成のマグマができるのです。マグマから鉱物が晶出して、残りのマグマの化学組成が変化することをマグマの結晶分化作用といいます（図4-22）。

　玄武岩質マグマからかんらん石やCaに富む斜長石が取り除かれると、玄武岩質マグマよりも$SiO_2$に富み、鉄やマグネシウムの少ない安山岩質マグマが生成されます。さらに、安山岩質マグマから輝石や斜長石などの鉱物が冷え固まって取り除かれると、デイサイト質マグマが生成されます。デイサイト質マグマから角閃石や斜長石などの鉱物が冷え固まって取り除かれると、流紋岩質マグマが生成されます。温度の低い流紋岩質マグマからは黒雲母、ナトリウム（Na）に富む斜長石、カリ長石、石英などが冷え固まります。このように、マグマの結晶分化作用によって、様々な種類のマグマが生

第1章　地球の構造
第2章　プレートの運動
第3章　地震
第4章　火山活動
第5章　地球の大気
第6章　大気の運動
第7章　日本の天気
第8章　地球環境

成されるため、火成岩には玄武岩や安山岩などの様々な種類がある
のです。

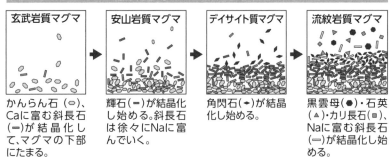

図4-22　マグマの結晶分化作用

| 玄武岩質マグマ | 安山岩質マグマ | デイサイト質マグマ | 流紋岩質マグマ |
|---|---|---|---|

かんらん石（○）、Caに富む斜長石（▭）が結晶化して、マグマの下部にたまる。

輝石（▭）が結晶化し始める。斜長石は徐々にNaに富んでいく。

角閃石（◆）が結晶化し始める。

黒雲母（●）・石英（▲）・カリ長石（▪）、Naに富む斜長石（▭）が結晶化し始める。

（出典：啓林館『高等学校 地学基礎』）

## 第5章

# 地球の大気

## 大気圏

### 大気の組成

　地球を取り巻く大気が存在する範囲を大気圏といいます。大気は上空にいくほど薄くなるため、大気圏の上端は厳密に定義されていませんが、高度500〜1000kmとされることがあります。地表付近の大気は、水蒸気を除くと体積比で窒素が約78％、酸素が約21％を占めます（表5-1）。

　大気中の水蒸気は、地表付近では体積比で約1〜3％を占めますが、時間や場所によって大きく変動します。また、二酸化炭素は地表付近では体積比で約0.04％を占めますが、人が密に集まる建物の中やあまり換気がされていない会議室の中などでは0.10％を超えることもあります。二酸化炭素濃度が高くなると、倦怠感や頭痛などの症状を訴える方

| 表5-1　水蒸気を除いた地表付近の大気の組成 | |
|---|---|
| 成　分 | 体積％ |
| 窒素（$N_2$） | 78 |
| 酸素（$O_2$） | 21 |
| アルゴン（Ar） | 0.93 |
| 二酸化炭素（$CO_2$） | 0.04 |

が増えるため、厚生労働省は、室内の二酸化炭素濃度を0.10％以下にすることを推奨しています。

　水蒸気や二酸化炭素が大気中に占める割合は小さいですが、水蒸気は天気の変化に影響し、温室効果ガスである二酸化炭素は地球の環境に影響します。天気の変化や地球環境を理解するためには、水蒸気や二酸化炭素などの大気中の微量成分が重要になるのです。


## 気　圧

　地球の大気は、重力によって地表に引きつけられていますので、地表には大気の重さがかかります。単位面積あたりの大気の重さを気圧といいます。

　一般に、気圧の単位には hPa（ヘクトパスカル）が用いられています。面積 1 ㎡の面に 1 N（Nは力の単位、ニュートン）の力がはたらいているときの圧力を 1 N/㎡または 1 Pa（Paは圧力の単位、パスカル）と表します。また、 1 Paの100倍の圧力を 1 hPaと表します。すなわち、

$$1 \text{ hPa} = 100 \text{ Pa} = 100 \text{ N/㎡}$$

となります。

　気圧はその地点の上にある大気の重さによって決まりますので、高度が高いほど小さくなります（図 5 - 1）。富士山の山頂（標高3776m）の気圧は約640hPa、エベレストの山頂（標高8848m）の気圧は約300hPaです。

　天気予報で使用されている地上天気図では、等圧線（気圧が等しいところを結んだ線）が 4 hPaごとに描かれています。気圧は高度によって変わりますので、地上天気図は海面（標高 0 m）での気圧に

第1章 ‖
地球の構造

第2章 ‖
プレートの運動

第3章 ‖
地震

第4章 ‖
火山活動

第5章 ‖
地球の大気

第6章 ‖
大気の運動

第7章 ‖
日本の天気

第8章 ‖
地球環境

換算して作成されています。また、海面での平均気圧を1気圧（1 atm）といいます。1気圧は約1013hPaになります。

図5-1　高度と気圧の関係

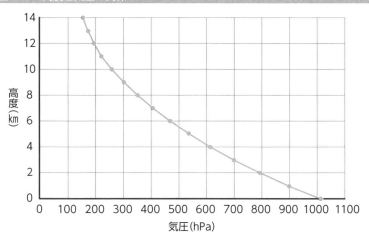

## 大気圏の構造

　大気圏は、高度による気温の変化をもとに、下層から上層に向かって、対流圏、成層圏、中間圏、熱圏に区分されています（図5-2）。対流圏では高度とともに気温が低下し、成層圏では高度とともに気温が上昇します。中間圏では再び高度とと

図5-2　大気圏の構造

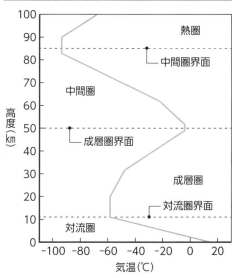

もに気温が低下し、**熱圏**では再び高度とともに気温が上昇します。

　対流圏と成層圏の境界を**対流圏界面**、成層圏と中間圏の境界を**成層圏界面**、中間圏と熱圏の境界を**中間圏界面**といいます。地球全体で平均すると、対流圏界面は高度約11㎞に、成層圏界面は高度約50㎞に、中間圏界面は高度約85㎞にあります。また、対流圏界面の高度は、緯度によって変化し、低緯度では約17㎞に、高緯度では約9㎞にあります。

## 対流圏での気温の変化

　対流圏では地表付近で気温が最も高くなります。これは、太陽光が大気中ではあまり吸収されず、地表に吸収されているからです。太陽光を吸収して暖まった地表からは、熱が上空へ運ばれていくため、対流圏では高度とともに気温が低下します。

　地球全体で平均すると、対流圏では高度が100m高くなると気温が約0.65℃低下しています。高度とともに気温が低下する割合を**気温減率**といいます。

　例えば、福岡における年間の平均気温は、高度150mでは16.9℃、高度10490mでは−48.0℃です。これらの値から福岡上空の高度100mあたりの気温減率を求めると、

$$\frac{16.9 - (-48.0)}{10490 - 150} \times 100 = 0.627 \fallingdotseq 0.63℃/100\,m$$

となります。

　天気予報では地上の気温は伝えられていますが、上空の気温は伝えられていません。気温減率が0.63℃/100mとすると、標高が

1000m高くなると、気温が6.3℃下がることになります。高い山に登るときには、このような知識を活用して、山頂の気温などを推定しておくとよいかもしれません。ただし、風が吹くことによって体感温度はさらに下がりますので、気温減率だけで判断しないことも重要です。

## 気象現象が起こる対流圏

　大気中の水蒸気は、主に地表または海面の水が蒸発することによって供給されたものです。また、大気中の水蒸気は、雨や雪となって地上へ落下します。そのため、大気中の水蒸気量は、大気圏の下層で多くなります。大気中の水蒸気の大部分は対流圏に存在しますので、雲の発生や降水などの気象現象は、対流圏で起こっています。

## 成層圏とオゾン層

　高度約11〜50kmの成層圏のうち、高度約20〜30kmにはオゾン濃度の高いオゾン層が存在します。オゾンは太陽からの紫外線を吸収して大気を加熱するため、成層圏の気温は高度とともに上昇します。

　成層圏の気温は、オゾン濃度の高い成層圏の下部よりも成層圏の上部のほうが高くなっています。成層圏の上部では、オゾン濃度が成層圏の下部ほど高くはありませんが、太陽からの紫外線は強くなります。成層圏に到達した太陽からの紫外線は、その一部が成層圏の上部のオゾンによって吸収され、成層圏の下部へ向かうほど弱ま

第1章　地球の構造

第2章　プレートの運動

第3章　地震

第4章　火山活動

第5章　地球の大気

第6章　大気の運動

第7章　日本の天気

第8章　地球環境

っていきます（図5-3）。すなわち、成層圏の下部ではオゾン濃度が高くても太陽からの紫外線が弱まっているため、大気はあまり加熱されません。また、成層圏の上部は成層圏の下部よりも空気が少ないため、少ないエネルギーで温度を上げることができます。したがって、オゾン濃度の高い成層圏の下部よりも、紫外線が強く空気の少ない成層圏の上部のほうが、気温が高くなるのです。

### 図5-3　オゾンによる紫外線の吸収

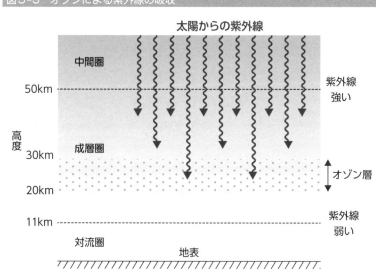

太陽からの紫外線

中間圏

50km　　　　　　　　　　　　　　　　　　　　紫外線
　　　　　　　　　　　　　　　　　　　　　　強い

高度

成層圏

30km　　　　　　　　　　　　　　　　　　　　オゾン層

20km

11km　　　　　　　　　　　　　　　　　　　　紫外線
　　　　　　　　　　　　　　　　　　　　　　弱い

対流圏　　　　　　　　地表

熱　　圏

　高度約85〜500kmの熱圏では、気温が高度とともに上昇しています。これは、大気中の窒素や酸素が太陽からの紫外線やX線を吸収して大気を加熱しているためです。

　紫外線やX線は電磁波の一種です。電磁波は、波長の短いほうから、γ線、X線、紫外線、可視光線、赤外線、電波に分けられてい

第1章 地球の構造

第2章 プレートの運動

第3章 地震

第4章 火山活動

第5章 地球の大気

第6章 大気の運動

第7章 日本の天気

第8章 地球環境

ます。波長とは、波の山から山までの長さです（図5-4）。

　これらの電磁波は、太陽からの紫外線のように、エネルギーを運ぶことができます。すなわち、ある物体から電磁波が放出されるということは、その物体からエネルギーが放出されたことになり、ある物体に電磁波が吸収されるということは、その物体にエネルギーが吸収されたことになります。地球表層や大気圏では電磁波の吸収や放出によってエネルギーが運ばれています。

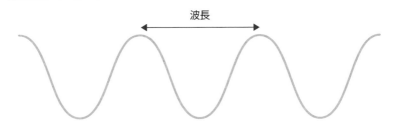

波長

　熱圏の酸素分子（$O_2$）は、太陽からの紫外線を吸収すると、分解して2個の酸素原子（O）となります。そのため、熱圏では大気の主成分が酸素原子となっています。

　また、熱圏の原子や分子は紫外線やX線によって電離（原子や分子が電子を放出したり取り込んだりして正または負の電荷をもつこと）し、イオンと電子に分かれています。熱圏の中で特に電子の密度が高い層を電離層といいます。電離層は、地上からの電波を反射して遠方へ伝える性質がありますので、ラジオやアマチュア無線などの通信に利用されています。

# 大気中の水蒸気

## 水の状態変化

　大気中では水が水蒸気になったり、水蒸気が水になったりするような状態変化がよく起こります。例えば、1gの水が蒸発して水蒸気になるときには、周囲から約2500Jの熱を吸収します。一方、1gの水蒸気が凝結して水になるときには、周囲に約2500Jの熱を放出します（図5-5）。このように、水の状態変化に伴って出入りする熱を潜熱（せんねつ）といいます。同様に、氷が融解して水になったり、氷が昇華（しょうか）して水蒸気になったりするときには、周囲から熱を吸収し、水が凝固して氷になったり、水蒸気が凝華（ぎょうか）して氷になったりするときには、周囲に熱を放出します。

　海面で水が蒸発し、その水蒸気が大気中で凝結して水になるときには、海面付近で熱を吸収し、その熱を大気中で放出したことになりますので、水だけでなく熱も海面付近から

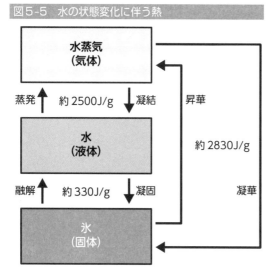

図5-5　水の状態変化に伴う熱

水蒸気
（気体）

蒸発　約2500J/g　凝結　昇華

水
（液体）

約2830J/g

融解　約330J/g　凝固　凝華

氷
（固体）

第1章
地球の構造

第2章
プレートの運動

第3章
地震

第4章
火山活動

第5章
地球の大気

第6章
大気の運動

第7章
日本の天気

第8章
地球環境

大気中へ運ばれたことになります。このような水蒸気による熱の輸送は潜熱輸送とよばれています。

　夏の暑い日には、打ち水をする（地面に水をまく）ことがあります。道路にまかれた水が蒸発するときに地面から熱を吸収して大気中へ運んでくれますので、熱を奪われた地面の温度は下がります。これに伴って地面に接する地表付近の気温も少し下がることがありますが、蒸発した水蒸気が空気中に留まっていると、蒸し暑く感じることもあります。

### 飽和水蒸気量

　水と空気の境界（水面）では、水中の水分子が空気中に飛び出したり、空気中の水分子（水蒸気）が水中に飛び込んだりしています。水中から空気中へ移動する水分子が多いときには、空気中の水蒸気量が増加していきます。空気中の水蒸気量が多くなると、空気中から水中へ移動する水分子も多くなるため、空気中の水蒸気量が増加しなくなります。つまり、空気中に含むことができる水蒸気量には限界があります。

　空気中に含むことのできる最大の水蒸気量を飽和水蒸気量といいます。一般に空気中の水蒸気量は、1 ㎥の空気に含まれる水蒸気の質量（g）で表されます。すなわち、飽和水蒸気量にはg/㎥の単位が用いられます。

　空気中の水蒸気量が多いほど、水蒸気圧（水蒸気の圧力）が増加しますので、空気中の水蒸気量は、水蒸気圧で表すこともあります。水蒸気圧の単位にはhPaが用いられます。空気中に水蒸気が最

大まで含まれているときの水蒸気圧を**飽和水蒸気圧**といいます。

　温度が高くなると、水中の水分子の動きが激しくなりますので、水中から空気中へ移動する水分子が多くなり、空気中の水蒸気量が増加します。すなわち、気温が高いほど空気中に多くの水蒸気を含むことができるようになりますので、飽和水蒸気量や飽和水蒸気圧は気温とともに増加します（図5-6）。

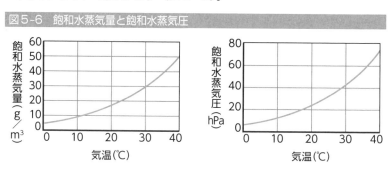

図5-6　飽和水蒸気量と飽和水蒸気圧

### 相対湿度

　ある温度の飽和水蒸気量に対して、実際に空気中に含まれている水蒸気量の割合を**相対湿度**といいます。相対湿度は、飽和水蒸気圧に対する水蒸気圧の割合で表すこともあり、次の式で求めることができます。

$$相対湿度〔\%〕 = \frac{水蒸気量}{飽和水蒸気量} \times 100 = \frac{水蒸気圧}{飽和水蒸気圧} \times 100$$

　例えば、気温が30℃のとき、水蒸気量が17.3g/㎥である空気の相対湿度は、30℃のときの飽和水蒸気量が30.4g/㎥であるため、

$$\frac{17.3}{30.4} \times 100 = 56.9 ≒ 57\%$$

と計算できます。この空気のように、空気中の水蒸気量が飽和水蒸

気量よりも小さい状態を未飽和または不飽和といいます。

　また、気温が30℃で、水蒸気量が30.4g/㎥である空気の相対湿度は100％です。この空気のように、空気中の水蒸気量が飽和水蒸気量と等しくなっている状態を飽和といいます。

## 露　点

　飽和水蒸気量は気温が低いほど小さくなりますので、気温が下がると、ある温度で水蒸気が飽和します。さらに気温が下がると、空気中の水蒸気量が飽和水蒸気量を超えてしまうため、空気中に水蒸気の一部を含むことができなくなり、水蒸気が凝結して水滴ができます。このように、気温が下がるときに水滴ができ始める温度（空気中の水蒸気量が飽和水蒸気量と等しくなる温度）を露点といいます。

図5-7　気温の低下による空気中の水蒸気量の変化

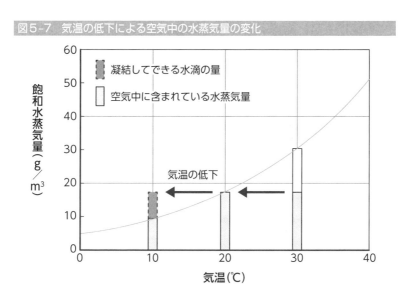

第1章　地球の構造

第2章　プレートの運動

第3章　地震

第4章　火山活動

第5章　地球の大気

第6章　大気の運動

第7章　日本の天気

第8章　地球環境

例えば、気温が30℃で、水蒸気量が17.3g/㎥である空気は、20℃のときの飽和水蒸気量が17.3g/㎥であるため、気温が20℃まで下がると水蒸気が飽和します（図5-7）。さらに気温が下がると、空気中に水蒸気の一部を含むことができなくなるため、水蒸気が凝結して水滴ができます。すなわち、この空気の露点は20℃ということになります。

　この空気の温度がさらに低下して10℃になると、10℃の飽和水蒸気量は9.4g/㎥であるため、

$$17.3 - 9.4 = 7.9 \text{g/㎥}$$

の水蒸気が水滴となります。また、1gの水蒸気が凝結して水になるときには、約2500Jの潜熱が放出されます（図5-5）ので、このとき1㎥の空気中では、

$$2500 \times 7.9 = 1.975 \times 10^4 \fallingdotseq 2.0 \times 10^4 \text{J}$$

の潜熱が放出されたことになります。

　空気中の微小な水滴によって、水平方向に見通せる距離が1km未満になる現象を霧（きり）といいます。特に、見通せる距離が陸上で100m以下、海上で500m以下になったものは濃霧（のうむ）といいます。

　一般に霧は明け方に発生します。夜間には気温が時間とともに低下していきますので、明け方は1日のうちで最も気温が低い時間帯となります。水蒸気を多く含んだ空気が夜間に冷却され、明け方に気温が露点よりも下がると、空気中に含めなくなった水蒸気の一部が凝結して水滴となります。これが地表付近に集まって霧となるのです。

## 雲の発生

　風が山の斜面に沿って吹き上がるところや地表付近の空気が加熱されるところなどでは、地表付近の空気塊（風船の中の空気のように、温度や湿度がほぼ一定の空気の塊）が上昇することがあります。高度が高いほど気圧が低くなりますので、空気塊は上昇すると膨張します（図5-8）。このとき、空気塊は周囲の空気と熱のやりとりをせずに、膨張によってエネルギーを消費するため、空気塊の温度は下がります。このような周囲と熱のやりとりをしない体積や温度の変化を断熱変化といいます。特に、周囲と熱のやりとりをせずに体積が増加することは断熱膨張といい、体積が減少することは断熱圧縮といいます。

　上昇した空気塊の温度が露点よりも下がる（空気塊の水蒸気量が

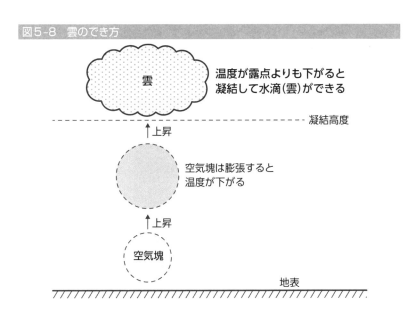

図5-8　雲のでき方

雲

温度が露点よりも下がると
凝結して水滴（雲）ができる

------------------------ 凝結高度

↑上昇

空気塊は膨張すると
温度が下がる

↑上昇

空気塊

地表

飽和水蒸気量を超える）と、水蒸気の一部が凝結して水滴ができます。空気塊が上昇するときに、水蒸気が凝結して水滴ができ始める高度（雲ができ始める高度）を凝結高度といいます（図5-8）。また、このようにしてできた水滴または氷晶（氷の粒）が上空で集まっているものを雲といいます。雲と霧は、空気中の水蒸気が凝結してできるという点では同じですが、水滴の集まりが上空にあるものが雲であり、地上に接しているものが霧になります。

## 雲の種類

　雲は発生する高度や形態によって、10種類に分けられています。これを十種雲形といいます。雲を高度によって分類するとき、地表付近～高度約2kmの雲を下層雲、高度約2～7kmの雲を中層雲、高度約5～13kmの雲を上層雲といいます。

　下層雲には、層雲と層積雲があります。中層雲には、高積雲、高層雲、乱層雲があります。上層雲には、巻積雲、巻層雲、巻雲があります。また、下層から上層へ鉛直方向に発達する積雲や積乱雲があります（図5-9）。

　雲の名前に使われている漢字の意味がわかると、ある程度、雲の形を

図5-9　大気上層の巻雲と大気下層の積雲

108

想像することができます。雲の形態がわかる文字として、「層」は水平方向に広がった雲、「積」は鉛直方向に発達した塊状の雲を表します。また、雲の高度がわかる文字として、「高」は中層の雲、「巻」は上層の雲を表します。さらに、「乱」は雨を降らせる雲という意味があります。例えば、高積雲は中層に形成された塊状の雲になります。また、積乱雲は鉛直方向に発達した雨を降らせる雲になります。

## 乾燥断熱減率と湿潤断熱減率

　水蒸気で飽和していない空気塊が断熱的に（周囲の空気と熱のやりとりをせずに）100m上昇すると、空気塊の温度は約1.0℃低下します。この温度変化の割合を乾燥断熱減率といいます。一方、水蒸気で飽和している空気塊が断熱的に100m上昇すると、空気塊の温度は約0.5℃低下します。この温度変化の割合を湿潤断熱減率といいます。

　水蒸気で飽和している空気塊が上昇し、膨張して温度が下がると、空気塊の水蒸気量が飽和水蒸気量を超えますので、空気塊に含まれている水蒸気の一部が凝結して水滴となります。このとき、放出された潜熱が空気塊を暖めるため、空気塊が上昇したときの温度低下の割合は小さくなります（約0.5℃/100m）。

　一方、水蒸気で飽和していない空気塊では、潜熱が放出されて空気塊を暖めることはありませんので、空気塊が上昇したときの温度低下の割合は大きくなります（約1.0℃/100m）。

第1章　地球の構造

第2章　プレートの運動

第3章　地震

第4章　火山活動

第5章　地球の大気

第6章　大気の運動

第7章　日本の天気

第8章　地球環境

## 絶対安定となる大気

　対流圏の平均の気温減率は約0.65℃/100mですが、気温減率は場所によって大きく異なります。ここで、気温減率が0.3℃/100mである大気中を空気塊が上昇することを考えてみます（図5-10）。ある高さに20℃の空気があります。水蒸気で飽和していない空気塊と飽和している空気塊がこの高度から100m上昇すると、飽和していない空気塊は乾燥断熱減率に従って温度が1.0℃下がり、飽和している空気塊は湿潤断熱減率に従って温度が0.5℃下がります。このとき、周囲の気温は19.7℃になりますが、飽和していない空気塊の温度は19.0℃、飽和している空気塊の温度は19.5℃になります。

　一般に気温が低いほど空気の密度は大きく（重く）なります。上昇した2つの空気塊の温度は周囲の気温よりも低く、空気塊は周囲の空気よりも重くなっています。したがって、2つの空気塊は下降して元の高度に戻ろうとします。このように、上昇した空気塊が下

### 図5-10　絶対安定の大気

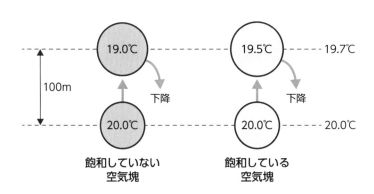

周囲の空気(0.3℃/100m)

飽和していない
空気塊

飽和している
空気塊

第1章
地球の構造

第2章
プレートの運動

第3章
地震

第4章
火山活動

第5章
地球の大気

第6章
大気の運動

第7章
日本の天気

第8章
地球環境

降して元の高度に戻るような大気の状態を絶対安定といいます。大気の状態が絶対安定であるとき、周囲の空気の気温減率は0.5℃/100mよりも小さくなっています。

## 絶対不安定となる大気

気温減率が1.2℃/100mである大気中を空気塊が上昇することを考えてみます（図5-11）。ある高さに20℃の空気があり、空気塊がこの高度から100m上昇すると、周囲の気温は18.8℃になりますが、飽和していない空気塊の温度は19.0℃、飽和している空気塊の温度は19.5℃になります。

上昇した2つの空気塊の温度は周囲の気温よりも高く、空気塊は周囲の空気よりも密度が小さく（軽く）なっていますので、2つの空気塊はさらに上昇します。このように、上昇した空気塊がさらに上昇を続けるような大気の状態を絶対不安定といいます。大気の状

### 図5-11 絶対不安定の大気

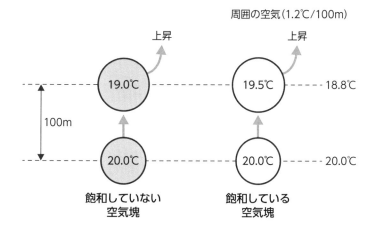

111

態が絶対不安定であるとき、周囲の空気の気温減率は1.0℃ /100m よりも大きくなっています。

　天気予報では「大気の状態が不安定となり、雨が降るでしょう」という解説をよく耳にします。この解説の不安定とは、上昇した空気塊がさらに上昇を続けるような状態（絶対不安定）であることを意味しています。空気塊が上昇を続けることによって、雲が発達できるため、雨が降る可能性が高くなるということです。

　また、天気予報では「上空に寒気が流れ込んで、大気の状態が不安定となります」という解説もよく耳にします。大気の状態は、周囲の空気の気温減率が0.5℃ /100mより小さいときは絶対安定となりますが（図5-10）、1.0℃ /100mより大きいときは絶対不安定となります（図5-11）。つまり、周囲の空気の気温減率が大きいときに大気の状態は絶対不安定となるのです。

　上空に寒気が流れ込むと、上空の気温が低下します。このとき、大気の下層と上層の気温差（気温減率）が大きくなりますので、大気の状態が絶対不安定となるのです。

　日本では夏の午後に、突然の激しい雨が降ることがあります。日中、太陽からの強い日差しによって地面が加熱され、地表付近の気温が上昇します。このとき、地表付近と上空の気温差（気温減率）が大きくなるため、大気の状態が絶対不安定となるのです。

　夏は気温が高いため、飽和水蒸気量が大きく、空気中に多くの水蒸気を含むことができます。大気の状態が絶対不安定であるとき、暖かく湿った空気が流れ込むと、上昇気流となって積乱雲が発達します。そのため、夕立や雷雨のような激しい雨が降ることになるの

第1章
地球の構造

第2章
プレートの運動

第3章
地震

第4章
火山活動

第5章
地球の大気

第6章
大気の運動

第7章
日本の天気

第8章
地球環境

です。午前よりも午後のほうが地表付近の温度が高くなるため、午後に大気の状態が絶対不安定となりやすいのです。

## 条件つき不安定となる大気

気温減率が0.7℃/100mである大気中を空気塊が上昇することを考えてみます（図5-12）。ある高さに20℃の空気があり、空気塊がこの高度から100m上昇すると、周囲の気温は19.3℃になりますが、飽和していない空気塊の温度は19.0℃、飽和している空気塊の温度は19.5℃になります。

このとき、飽和していない空気塊は、周囲の空気よりも温度が低く、密度が大きく（重く）なっていますので、下降して元の高度に戻ろうとします。一方、飽和している空気塊は、周囲の空気よりも温度が高く、密度が小さく（軽く）なっていますので、さらに上昇を続けようとします。すなわち、このときの大気は、飽和していな

### 図5-12 条件つき不安定の大気

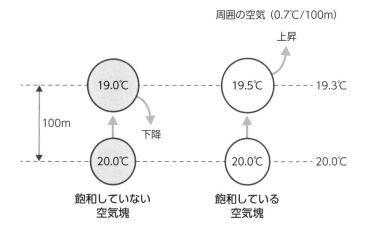

周囲の空気（0.7℃/100m）

上昇

19.0℃　　　　　19.5℃ ---- 19.3℃

100m　　　下降

20.0℃　　　　　20.0℃ ---- 20.0℃

飽和していない　　飽和している
空気塊　　　　　空気塊

113

い空気塊に対しては安定となっていますが、飽和している空気塊に対しては不安定となっています。このような大気の状態を**条件つき不安定**といいます。大気の状態が条件つき不安定であるとき、周囲の空気の気温減率は0.5〜1.0℃/100mとなっています。

### フェーン現象

　気温25℃の空気塊が、標高2000mの山を越える場合を考えてみましょう（図5-13）。飽和していない空気塊は乾燥断熱減率に従って温度が下がりますので、100m上昇すると約1.0℃下がります。地表から標高1000mまでは雲ができなかった（水蒸気が凝結しなかった）とすると、乾燥断熱減率に従って温度が下がりますので、空気塊の温度は地表よりも10℃下がり、標高1000mにおける空気塊の温度は15℃になります。

　標高1000mから山頂までは雲が発生した（水蒸気が凝結した）とすると、放出された潜熱によって空気塊が暖められますので、空気塊の温度は湿潤断熱減率に従って下がります。標高1000mから山頂の標高2000mまで空気塊が上昇すると、空気塊の温度は5℃下がり、標高2000mにおける空気塊の温度は10℃となります。

　この空気塊が下降するとき、水の蒸発がなければ乾燥断熱減率に従って温度が上がります。標高2000mの山頂から標高0mの山麓まで空気塊が下りてくると、空気塊の温度は20℃上がり、山麓での気温は30℃となります。

　このように、風上側の山の斜面で水蒸気が凝結して雲が発生し、その空気塊が風下側の山麓に下りてくると、空気塊の温度は、風上

第1章 地球の構造

第2章 プレートの運動

第3章 地震

第4章 火山活動

第5章 地球の大気

第6章 大気の運動

第7章 日本の天気

第8章 地球環境

側の山麓での温度よりも高くなることが起こります。また、空気塊が風上側の斜面を上昇するときに水蒸気が凝結していますので、空気塊に含まれる水蒸気量は減少しています。そのため、この空気塊が下りてくる風下側の山麓では、空気が乾燥します。

　このように、空気塊が山を越えるとき、風下側の山麓では風上側の山麓よりも高温で乾燥した空気に変質することがあります。このような現象をフェーン現象といいます。

図5-13　フェーン現象

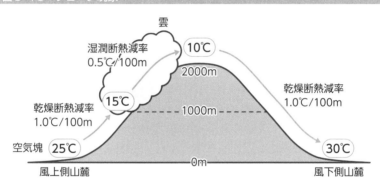

日本列島には日本海側と太平洋側を分ける脊梁（せきりょう）山脈があり、空気塊が山脈を越えることが多いため、フェーン現象が起こりやすい地形となっています。太平洋側に高気圧、日本海側に低気圧があると、風は高気圧から低気圧に向かって吹きますので、太平洋側の地域が風上側、日本海側の地域が風下側となります（図5-14）。2010年3月12日には、日本海側の地域でフェーン現象が起こり、3月中旬でも4月中旬ごろの暖かさとなりました。

図5-14　2010年3月12日の天気図

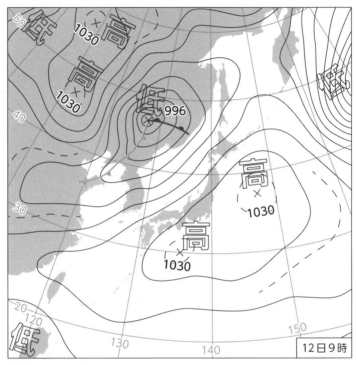

高は高気圧、低は低気圧、数値は高気圧または低気圧の中心気圧（hPa）を示す。

（気象庁）

第1章 地球の構造

第2章 プレートの運動

第3章 地震

第4章 火山活動

第5章 地球の大気

第6章 大気の運動

第7章 日本の天気

第8章 地球環境

# 地球のエネルギー収支

## 太陽放射

　太陽が宇宙に放出している電磁波を太陽放射といいます。太陽は、赤外線、可視光線、紫外線、X線など、様々な波長の電磁波を放出しています。特に、太陽放射の波長別のエネルギーの強さは、可視光線の部分で最も強くなっています（図5-15）。

図5-15　波長別の太陽放射エネルギーの強さ

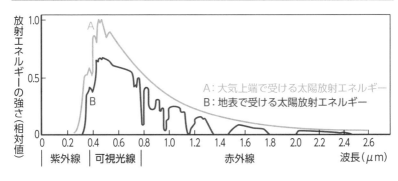

A：大気上端で受ける太陽放射エネルギー
B：地表で受ける太陽放射エネルギー

　地球に入射した太陽放射は、そのすべてが地球に吸収されるわけではありません。地球に入射した太陽放射のうち約30％は、大気や地表によって反射されるため、地球が吸収することなく、宇宙空間へ放出されます。太陽放射の入射量に対する反射量の比をアルベドといいます。地球のアルベドは約0.30になります。

　また、地球に入射した太陽放射のうち約20％は大気圏で吸収さ

れ、約50％は地表に吸収されています。太陽放射が大気圏で吸収されるのは、太陽からの紫外線の大部分が、大気中の酸素やオゾンによって吸収されたり、太陽からの赤外線の一部が、大気中の水蒸気や二酸化炭素に吸収されたりしているからです。このように、太陽放射エネルギーが、大気によって反射されたり、吸収されたりしているため、地表で受ける太陽放射エネルギーは、大気上端で受ける太陽放射エネルギーよりも小さくなります（図5-15）。

### 地球が吸収する太陽放射エネルギー

　地球の大気上端で、太陽放射に対して垂直な1㎡の面が1秒間に受ける太陽放射エネルギーを太陽定数といいます。この値は人工衛星などで観測され、約1370W/㎡であることがわかっています。1Wは1秒間に1Jのエネルギーを受けることを表します。すなわち、1W＝1J/sとなります。

　ここで、太陽定数を用いて、地球全体が1秒間に受ける太陽放射エネルギーの大きさを考えてみます。地球は球形であるため、地球の表面において、入射する太陽放射エネルギーを計算することは簡単ではありません。そこで、地球の上空に地球の半径と同じ大きさの仮想的な円盤を、太陽放射に対して垂直となるように準備します（図5-16）。この円盤を通過した太陽放射が地球の表面に当たるため、地球に入射する太陽放射エネルギーは、円盤を通過したエネルギーと考えることができます。

　円盤を通過するエネルギーは、太陽定数に円盤の面積を掛けて求められますので、地球の半径を$R$、太陽定数を$S$、円周率を$\pi$とす

第1章
地球の構造

第2章
プレートの運動

第3章
地震

第4章
火山活動

第5章
地球の大気

第6章
大気の運動

第7章
日本の天気

第8章
地球環境

ると、$\pi R^2 S$と表されます（半径$R$の円の面積は$\pi R^2$）。また、地球に入射したエネルギーの一部は、大気や地表によって反射されるため、地球のアルベドを$A$とすると、地球が1秒間に吸収する太陽放射エネルギーは、

$$\pi R^2 S\ (1-A)$$

と表されます。

図5-16　地球に入射する太陽放射

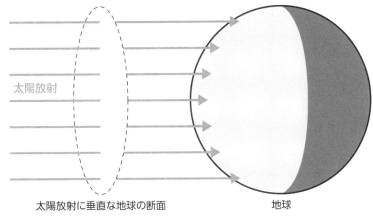

太陽放射

太陽放射に垂直な地球の断面　　　　　　　　地球

### 地球放射

　地球は太陽からエネルギーを吸収するだけでなく、地球もエネルギーを宇宙へ放出しています。地球の温度がほぼ一定に保たれているのは、地球が吸収する太陽放射エネルギーと等しいエネルギーを宇宙空間に放出しているからです。

　太陽は可視光線や赤外線などを放射していますが、地表や大気は、エネルギーを赤外線として宇宙空間に放出しています。地球が宇宙へ放出している電磁波を地球放射または赤外放射といいます。

## 放射平衡温度

　天体の表面温度は絶対温度で表されることがあります。絶対温度の単位にはＫ（ケルビン）が用いられます。絶対温度を $T$ 〔K〕、私たちが日常で使用しているセルシウス温度を $t$ 〔℃〕とすると、

　　　$T = t + 273.15$

という関係があります。例えば、15℃を絶対温度で表すと、約288Kになります。

　一般に、天体の表面温度が高いほど、天体の単位面積（1㎡）から放射されるエネルギーは大きくなります。地球（天体）の1㎡の面から1秒間に放射されるエネルギー $E$ 〔W〕は、地球（天体）の表面温度を $T$ 〔K〕とすると、

　　　$E = \sigma T^4$

と表されます。これをシュテファン・ボルツマンの法則といいます。$\sigma$ はシュテファン・ボルツマン定数とよばれ、

　　　$\sigma = 5.67 \times 10^{-8}\,\mathrm{W/\,(m^2 \cdot K^4)}$

となります。

　地球の半径を $R$ とすると、地球の表面積は $4\pi R^2$ となりますので（半径 $R$ の球の表面積は $4\pi R^2$）、地球全体から1秒間に放射されるエネルギーは、

　　　$4\pi R^2 \times \sigma T^4 = 4\pi\sigma R^2 T^4$

と表されます。

　一方、地球が1秒間に吸収する太陽放射エネルギーは、

　　　$\pi R^2 S\,(1 - A)$

と表されます。

第1章 地球の構造

第2章 プレートの運動

第3章 地震

第4章 火山活動

第5章 地球の大気

第6章 大気の運動

第7章 日本の天気

第8章 地球環境

　地球が吸収する太陽放射エネルギーと地球が宇宙へ放射するエネルギーがつり合っているときの地球の表面温度を放射平衡温度といいます。このとき、

$$\pi R^2 S\,(1-A) = 4\,\pi\,\sigma R^2 T^4$$

が成り立ちます。太陽定数 $S$ を1370W/㎡、地球のアルベド $A$ を0.30として、これを解くと、

$$T^4 = \frac{S\,(1-A)}{4\,\sigma} = \frac{1370\times(1-0.30)}{4\times 5.67\times 10^{-8}} \fallingdotseq 4.23\times 10^9$$

　したがって、$T \fallingdotseq 255\mathrm{K}$（約–18℃）となります。実際の地球表面の平均温度は約288K（約15℃）ですので、放射平衡温度よりも約33K高くなっています。

## 温室効果

　地表から放射される赤外線の大部分は、大気中の水蒸気や二酸化炭素によって吸収されます。このとき、地表から放射されたエネルギーの大部分が大気に吸収されたことになります。エネルギーを吸収して暖まった大気は、上向きにも下向きにも赤外線を放射します。このうち、大気から下向きに放射された赤外線は、地表に吸収されます。つまり、地表が宇宙へ放出しようとしているエネルギーの一部が、地表に戻されているのです。このように、地表が放射する赤外線を大気が吸収し、そのエネルギーの一部が赤外線として地表へ戻されることによって、地表付近を暖めるはたらきを温室効果といいます（図5–17）。また、地表からの赤外線を吸収する水蒸気、二酸化炭素、メタン、一酸化二窒素、オゾンなどを温室効果ガ

スといいます。

　地球に大気がなければ、地球の表面温度は約-18℃（放射平衡温度）になると考えられますが、大気の温室効果によって地表付近にエネルギーが蓄積するため、実際の地球表面の平均温度（約15℃）は放射平衡温度よりも高くなります。

図5-17　温室効果のしくみ

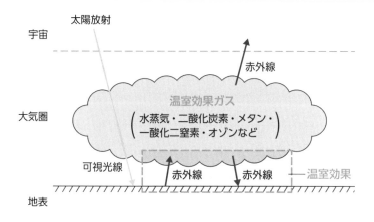

### 放射冷却

　夜間には、地表が吸収する太陽放射がなくなるため、地表から赤外線が放射されることによって、地表の温度が下がります。このような現象を放射冷却といいます。

　上空に雲や水蒸気が多いときには、地表から放射される赤外線が、雲によって散乱されたり、水蒸気による温室効果が強まったりするため、地表の温度低下が抑えられます。一方、よく晴れていると、地表から放射される赤外線が宇宙へ放出されやすくなり、放射冷却が強まります（図5-18）。特に、冬の太平洋側の地域では、夜

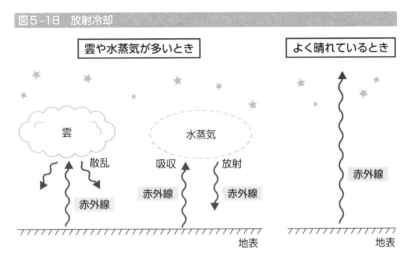

間の時間が長く、上空の雲や水蒸気が少ないため、明け方には地表の温度が大きく低下することが頻繁にあります。

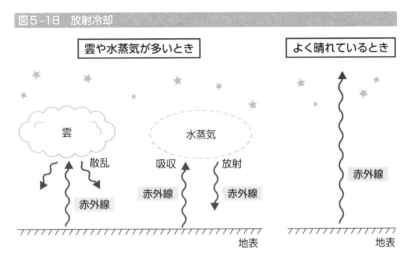

図5-18　放射冷却

**雲や水蒸気が多いとき**

雲

散乱

水蒸気

吸収　　放射

赤外線　　赤外線　　赤外線

地表

**よく晴れているとき**

赤外線

地表

第1章 地球の構造
第2章 プレートの運動
第3章 地震
第4章 火山活動
第5章 地球の大気
第6章 大気の運動
第7章 日本の天気
第8章 地球環境

## 金星の大気

　太陽系の8つの惑星のうち、水星、金星、地球、火星は、地球型惑星とよばれ、その表面は岩石で構成されています。一方、木星、土星、天王星、海王星は、木星型惑星とよばれ、その表面はガスで覆われています。水星には大気がほとんどありませんが、金星と火星は、地球と同様に、岩石でできた表面のまわりには大気があります。ここで、地球に近い惑星の大気を比べてみましょう。

　金星が吸収する太陽放射エネルギーと金星が宇宙へ放出するエネルギーから見積もると、金星の放射平衡温度は約-49℃となります。地球の放射平衡温度は約-18℃ですので、放射平衡温度は太陽に近い金星のほうが低くなっています。一般に、太陽に近い惑星の

ほうが太陽からの放射エネルギーが強くなると考えられますが、金星の上空には硫酸でできた厚い雲があり、この雲によって太陽光が宇宙へ反射されているため、金星が吸収する太陽放射エネルギーは、地球が吸収する太陽放射エネルギーよりも少なくなっています。

　実際の地表の平均温度は、金星は約460℃、地球は約15℃です。どちらも地表の温度のほうが放射平衡温度よりも高くなっていますが、この主な理由が大気の温室効果です。金星の大気は、気圧（単位面積あたりの大気の重さ）が地球の約90倍あり、大気の約95％が二酸化炭素で構成されています。すなわち、金星では地球よりも強い温室効果がはたらいています。

　太陽に最も近い惑星である水星の地表の温度は、最も高いところでも約430℃です。大気がほとんどない水星では、温室効果ははたらきませんが、金星では、強い温室効果がはたらくため、金星の地表の温度が、太陽系の惑星で最も高い温度となっているのです。

### 火星の大気

　火星は、地球よりも太陽から遠いところにあるため、火星が吸収する太陽放射エネルギーは、地球が吸収する太陽放射エネルギーよりも少なくなっています。火星の放射平衡温度は約-63℃で、地球の放射平衡温度（約-18℃）よりも低くなっています。

　火星は、金星と同様に、大気の約95％が温室効果ガスの二酸化炭素で構成されていますので、強い温室効果がはたらくと考えられそうです。ところが、金星の地表の温度が約460℃であるのに対し

て、火星の地表の温度は大部分が氷点下であり、高いところでも約20℃です。すなわち、火星では温室効果がほとんどはたらいていないのです。

　これは、火星の大気の量が非常に少ないからです。金星の気圧は、地球の気圧の約90倍ですが、火星の気圧は、地球の気圧の約0.006倍しかありません。火星は、地球や金星よりも小さい惑星であり、大気を引きつける重力が小さいため、大気の量が少なくなっているのです。

　このように、たとえ大気のある惑星でも、その環境は地球とは大きく異なります。太陽系には地球と似たような大気をもつ惑星は存在せず、地球以外には人類が生存できる場所は見つかっていないのです。

第1章　地球の構造

第2章　プレートの運動

第3章　地震

第4章　火山活動

第5章　地球の大気

第6章　大気の運動

第7章　日本の天気

第8章　地球環境

## 第6章

# 大気の運動

## 大気にはたらく力

### 気圧傾度力

　気圧が高いところ（高圧部）と低いところ（低圧部）の間の空気塊には、気圧の高いほうから低いほうへ力がはたらきます。このような気圧（圧力）の差によって生じる力を気圧傾度力（圧力傾度力）といいます（図6-1）。

　距離に対する気圧の変化が大きいほど、気圧傾度力は大きくなります。天気図上では、等圧線の間隔が狭いところほど、気圧傾度力は大きくなります。気圧傾度力によって空気塊が動きますので、一

図6-1　気圧傾度力(圧力傾度力)

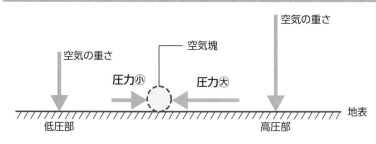

般に気圧傾度力が大きい（等圧線の間隔が狭い）ところで風速が大きくなります。

## 転向力

　地球上を運動する物体には、地球の自転の影響による見かけの力がはたらきます。見かけの力とは、実際には物体に力がはたらいていなくても、地球上にいる人から見ると力がはたらいているように見える力のことです。

　例えば、北極から赤道上のある地点に向かってまっすぐミサイルを発射すると、地球が西から東へ自転しているため、このミサイルは赤道上のある地点には命中しません（図6-2）。ミサイルはまっすぐ飛んでいるだけなので、ミサイルの進行方向を変えるような力ははたらいていませんが、北極にいる人から見ると、ミサイルが進行方向に対して右側に曲がっていくように見えます。すなわち、北極にいる人には、進行方向を右側に曲げる力がミサイルにはたらいたように見えるのです。この力が見かけの力です。特に、自転している地球上で運動している物体の進行方向を曲げるような見かけの力を転向力といいます。転向力は、フランスの物理学者のコリオリ（1792〜1843年）が発見したため、コリオリの力とよぶこともあります。

　南半球でも同様に、南極から赤道上のある地点に向かってミサイルを発射すると、南極にいる人には、進行方向を左側に曲げる力がミサイルにはたらいたように見えます。転向力の向きは、北半球と南半球で異なり、物体の進行方向に対して、北半球では直角右向

き、南半球では直角左向きにはたらきます。

　ミサイルだけでなく、地球上の風にも転向力がはたらきます。転
向力の大きさは、風速が同じであれば、高緯度ほど大きくなり、赤
道上でははたらきません。また、同じ緯度では、風速が速いほど、
転向力は大きくなります。

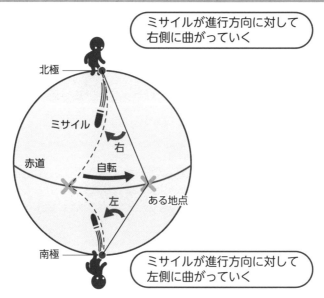

図6-2　転向力（コリオリの力）

ミサイルが進行方向に対して
右側に曲がっていく

北極

ミサイル

右

赤道

自転

左

ある地点

南極

ミサイルが進行方向に対して
左側に曲がっていく

第1章　地球の構造

第2章　プレートの運動

第3章　地震

第4章　火山活動

第5章　地球の大気

第6章　大気の運動

第7章　日本の天気

第8章　地球環境

# 大気の大循環

## 低緯度の風

　赤道付近では暖められた空気が上昇気流となり、気圧が低くなっています。この地帯を**熱帯収束帯**といいます。熱帯収束帯で対流圏の上層まで上昇した空気は、高緯度側へ向かいます。このとき、風の吹く方向に対して、北半球では右向きの転向力、南半球では左向きの転向力がはたらきますので、上空では西から東へ吹く風（西よりの風）となります（図6-3）。この風は緯度30°付近で下降気流となりますので、地表では気圧の高い領域が形成されます。この地帯を**亜熱帯高圧帯**といいます。

### 図6-3　低緯度の上空の風

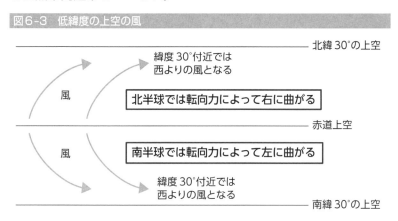

北緯30°の上空

緯度30°付近では
西よりの風となる

風

**北半球では転向力によって右に曲がる**

赤道上空

風

**南半球では転向力によって左に曲がる**

緯度30°付近では
西よりの風となる

南緯30°の上空

　地表付近では、気圧の高い亜熱帯高圧帯から気圧の低い熱帯収束帯へ気圧傾度力がはたらきますが、地表付近の風にも転向力がはた

らきますので、地表付近では東から西へ吹く風（東よりの風）となります（図6-4）。この風を貿易風といいます。この名称は、15〜17世紀の大航海時代に、ヨーロッパの商船がこの風を利用して大西洋を横断したことに由来しています。

貿易風は、北半球では北東から南西へ吹き、南半球では南東から北西へ吹きますので、北半球では北東貿易風、南半球では南東貿易風とよぶこともあります。例えば、北から吹いてくる風を北風というように、北東貿易風は北東から吹いてくる風になります。風の吹いてくる方向を風向といいますが、吹いていく方向と誤解されていることがよくあります。

平安時代に菅原道真（845〜903年）が、京都から太宰府に左遷されるときに詠んだ有名な歌があります。

東風吹かば 匂ひおこせよ 梅の花 あるじなしとて 春な忘れそ

この歌の東風とは、春に東から吹く風という意味です。京都から

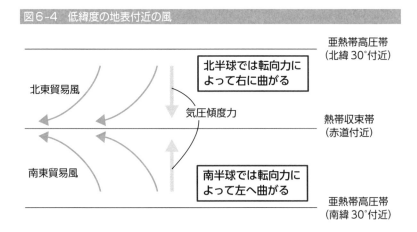

図6-4　低緯度の地表付近の風

亜熱帯高圧帯
（北緯30°付近）

北東貿易風

北半球では転向力によって右に曲がる

気圧傾度力

熱帯収束帯
（赤道付近）

南東貿易風

南半球では転向力によって左へ曲がる

亜熱帯高圧帯
（南緯30°付近）

太宰府へ東風によって梅の香りを送ってほしいと、自邸の梅の木に
お別れをしたそうです。

　熱帯収束帯に吹き込んだ貿易風は上昇気流となりますので、赤道
付近では雲が発達し、降水量が多くなります。一方、亜熱帯高圧帯
では下降気流が卓越し、雲ができにくく降水量が少ないため、地上
では砂漠が広がっているところもあります。低緯度の対流圏におい
て、熱帯収束帯で上昇し、亜熱帯高圧帯で下降するような空気の対
流運動を**ハドレー循環**といいます。

### 中緯度の風

　中緯度の上空では、北半球も南半球も低緯度側で気圧が高く、高
緯度側で気圧が低くなっていますので、空気にはたらく気圧傾度力
は高緯度側に向いています（図6-5）。また、運動している空気に
は転向力がはたらきますので、上空の風は気圧傾度力と転向力がつ
り合うように吹きます。このような風を地衡風といいます。

　北半球では、転向力が北向きの気圧傾度力とつり合い、風の吹く
方向に対して直角右向きにはたらきますので、風は西から東へ吹き
ます。一方、南半球では、転向力が南向きの気圧傾度力とつり合
い、風の吹く方向に対して直角左向きにはたらきますので、風は西
から東へ吹きます。このように、北半球でも南半球でも、中緯度の
対流圏では西よりの風が卓越しています。このような風を偏西風と
いいます。

第1章　地球の構造
第2章　プレートの運動
第3章　地震
第4章　火山活動
第5章　地球の大気
第6章　大気の運動
第7章　日本の天気
第8章　地球環境

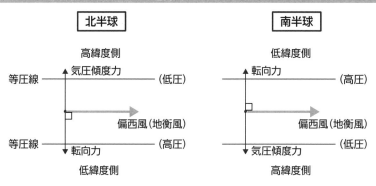

図6-5 中緯度の上空における地衡風

偏西風は対流圏の高いところほど強く吹き、対流圏界面（対流圏の上端）付近で最も強く吹きます。この風をジェット気流といいます。ジェット気流は、風速が100m/sを超えることもあります。

対流圏界面付近は、飛行機が飛ぶ高度でもあります。飛行機で羽田から福岡へ向かうときは、偏西風と逆向きに飛行するため、約1時間55分かかりますが、福岡から羽田へ向かうときは、偏西風と同じ方向に飛行するため、約1時間40分で行くことができます。偏西風やジェット気流は、飛行機の運航に大きな影響を与えています。

また、偏西風は、低緯度側の暖気と高緯度側の寒気の間を、南北に蛇行しながら吹いています（図6-6）。偏西風の蛇行によって、低緯度側の暖気が高緯度側へ、高緯度側の寒気が低緯度側へ運ばれますので、偏西風は大量の熱を南北方向に輸送しています。すなわち、偏西風の蛇行には、低緯度と高緯度の温度差を小さくするようなはたらきがあります。

図6-6 北半球における偏西風の蛇行

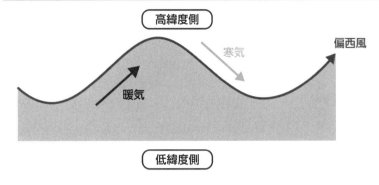

高緯度側

偏西風

寒気

暖気

低緯度側

## 高緯度の風

極域では空気が冷えて密度が大きくなるため、下降気流が卓越し、気圧の高い領域ができます。北極や南極付近の気圧の高い領域を極高圧帯といいます。

高緯度の地表付近では、極高圧帯から吹き出した風が転向力によって曲がるため、北半球でも南半球でも東よりの風となります。この風を極偏東風といいます。貿易風、偏西風、極偏東風など、地球上の大規模な風では、転向力の影響を無視することはできません。

## 大気の大循環と海流

地球規模での大気の流れを大気の大循環といいます（図6-7）。低緯度の大気が加熱されると、密度が小さくなって上昇し、高緯度の大気が冷却されると密度が大きくなって下降しますので、大気の大循環は低緯度と高緯度の温度差によって引き起こされます。さらに、大気に気圧傾度力や転向力がはたらいて、貿易風や偏西風など

第1章 地球の構造
第2章 プレートの運動
第3章 地震
第4章 火山活動
第5章 地球の大気
第6章 大気の運動
第7章 日本の天気
第8章 地球環境

の風が駆動されます。また、貿易風や偏西風などが海上を吹くと、海水の流れが引き起こされます。

図6-7 大気の大循環

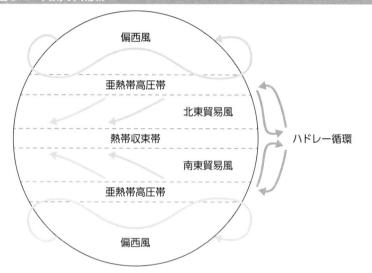

偏西風

亜熱帯高圧帯

北東貿易風

熱帯収束帯　ハドレー循環

南東貿易風

亜熱帯高圧帯

偏西風

　海洋表層におけるほぼ一定方向の海水の流れを海流といいます。海流は海上の風によって、貿易風の卓越する低緯度では東から西へ流れ、偏西風の卓越する中緯度では西から東へ流れます。さらに、北半球の海水の流れには進行方向に対して右向きの転向力がはたらき、南半球の海水の流れには進行方向に対して左向きの転向力がはたらくため、貿易風帯と偏西風帯の間（亜熱帯）では、北半球では時計回りに、南半球では反時計回りに、海水の大循環が形成されます（図6-8）。亜熱帯におけるこのような海水の大循環を亜熱帯環流といいます。

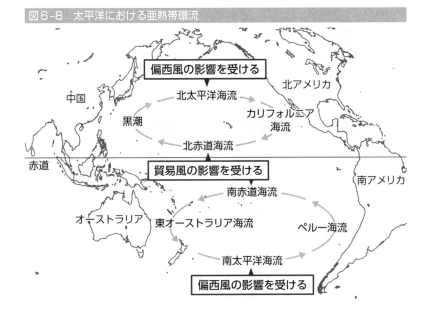

第1章 地球の構造

第2章 プレートの運動

第3章 地震

第4章 火山活動

第5章 地球の大気

第6章 大気の運動

第7章 日本の天気

第8章 地球環境

図6-8 太平洋における亜熱帯環流

偏西風の影響を受ける

中国

北アメリカ

北太平洋海流

黒潮

カリフォルニア海流

北赤道海流

赤道

貿易風の影響を受ける

南アメリカ

南赤道海流

オーストラリア

東オーストラリア海流

ペルー海流

南太平洋海流

偏西風の影響を受ける

　北太平洋の亜熱帯環流は、北赤道海流、黒潮、北太平洋海流、カリフォルニア海流などで構成されています。このうち、黒潮は他の海流よりも流速が大きくなっています。大西洋やインド洋でも、亜熱帯環流は、西側で強い流れとなっています。このような現象を西岸強化といいます。北太平洋の黒潮や北大西洋の湾流は、亜熱帯環流の西側の流れであり、世界の二大海流とよばれることもあります。

　北海道や東北地方の太平洋側では、千島列島のほうから親潮が流れ込んできます。親潮の流速は0.3～0.5m/s程度ですが、黒潮の流速は1.5～2.5m/s程度です。

　東日本の太平洋側では、黒潮と親潮が衝突する海域があり、海水

135

の色の違いを確認できることもあります。黒潮は藍色であり、親潮よりも色が濃いため、黒潮と名付けられたと考えられています。

　また、親潮には栄養塩（硝酸塩やリン酸塩など）が豊富に含まれています。この栄養塩によってプランクトンが成長し、それを捕食する魚類が育まれるため、親潮と名付けられたと考えられています。

　海洋で植物プランクトンが成長するためには栄養塩を取り込む必要があります。水温が高く、栄養塩の濃度が高いほど、植物プランクトンが栄養塩を取り込む速度は速くなります。水温の高い黒潮と栄養塩の濃度が高い親潮が混合する海域では、植物プランクトンが栄養塩を取り込んで大量に発生しています。さらに、植物プランクトンを捕食する動物プランクトン、動物プランクトンを捕食する魚類などが集まってくるため、このような海域は良い漁場となるのです。

　また、この海域では、黒潮の上の暖かく湿った空気が、冷たい親潮の海上に流れ込んで冷やされるため、空気中に含むことができなくなった水蒸気が凝結して霧が発生しやすくなっています。このような海上の霧は海霧といいます。海霧が海からの風によって、陸上に流れ込んでくることもあります。霧の街とよばれる北海道釧路市では、夏に海霧が流れ込むことによって、霧が観測される日が多くなります。

第1章 地球の構造

第2章 プレートの運動

第3章 地震

第4章 火山活動

第5章 地球の大気

第6章 大気の運動

第7章 日本の天気

第8章 地球環境

# 高気圧と低気圧

## 高気圧と低気圧の風

　周囲より気圧が高いところを高気圧といいます。高気圧の中心付近では、下降気流が卓越していますので、雲ができにくく、晴れることが多くなります。一方、周囲より気圧が低いところを低気圧といいます。低気圧の中心付近では、上昇気流が卓越していますので、雲が発生しやすく、雨が降ることが多くなります。天気図において、高気圧や低気圧の中心付近では、等圧線が丸く閉じています。

　高気圧では、気圧傾度力が気圧の高い中心部から外向きにはたらきます。地球が自転していなければ、気圧傾度力がはたらく方向に風が吹くと考えられますので、高気圧の周辺では、高気圧の中心から外向きに、等圧線に対して直角に風が吹きます。

　低気圧では、気圧傾度力が気圧の低い中心部に向かってはたらきます。地球が自転していなければ、低気圧の周辺では、低気圧の中心に向かって、等圧線に対して直角に風が吹きます。

## 高気圧と低気圧における転向力の影響

　実際には、地球上の風には気圧傾度力だけでなく転向力もはたらいていますので、気圧傾度力の向きに風が吹いているわけではありません。北半球では進行方向に対して右向きに転向力がはたらきま

137

すので、風の吹く方向は等圧線に対して直交する方向よりも右側にずれます。その結果、高気圧では風が時計回りに吹き、低気圧では反時計回りに吹くようになります（図6-9）。

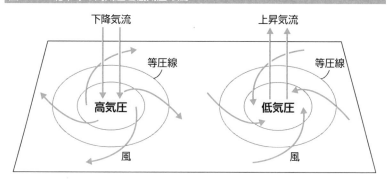

図6-9　北半球の高気圧と低気圧の風

一方、南半球では進行方向に対して左向きに転向力がはたらきますので、風の吹く方向は等圧線に対して直交する方向よりも左側にずれます。その結果、高気圧では風が反時計回りに吹き、低気圧では時計回りに吹くようになります（図6-10）。

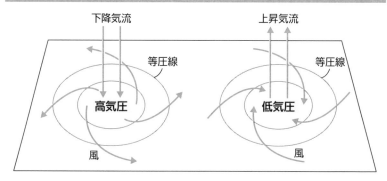

図6-10　南半球の高気圧と低気圧の風

# 温帯低気圧

## 日本付近の温帯低気圧

中緯度の暖気と寒気の境界で発達する低気圧を温帯低気圧といいます。暖気と寒気が接する境界面を前線面といい、前線面が地表と交わるところを前線といいます。一般に日本付近の温帯低気圧は、東側に温暖前線、西側に寒冷前線を伴っています（図6-11）。

第4章
火山活動

第5章
地球の大気

第6章
大気の運動

第7章
日本の天気

第8章
地球環境

### 図6-11　日本付近の温帯低気圧

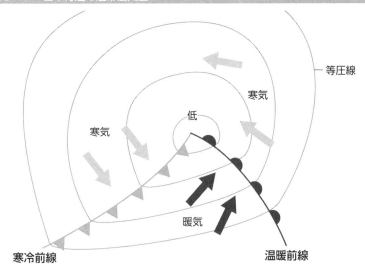

北半球の低気圧の周囲では、風が反時計回りに吹き込んでいますので、温帯低気圧の南側の暖気は、東側の温暖前線のほうへ移動します。温暖前線面では暖気が寒気の上にはい上がるため、上昇気流

が発生します（図6-12）。このため、温暖前線面に沿って、乱層雲、高層雲、巻雲などが発達します。特に乱層雲は上空を広く覆い、雨を降らせる雲ですので、温暖前線付近では広い範囲にわたって雨が降ります。

　一方、温帯低気圧の西側の寒気は、寒冷前線のほうへ移動し、寒冷前線付近で暖気の下にもぐり込むため、暖気が押し上げられ、上昇気流が発生します（図6-12）。寒冷前線面の傾きは比較的急であるため、寒冷前線面に沿って積乱雲が発達します。寒冷前線付近で雲のできる範囲は比較的狭く、短時間に雷や突風を伴うような強い雨が降ることがあります。

図6-12　温帯低気圧の構造

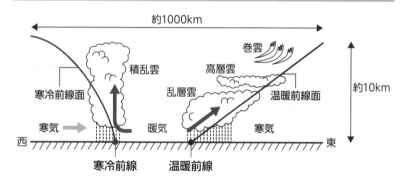

竜　巻

　積乱雲の下では激しい突風が発生することがあります。特に、上昇気流を伴う激しい渦巻きを竜巻といいます。竜巻の中心付近では、風速が100m/sを超えることもあります。日本付近では反時計回りの竜巻が多いですが、時計回りに回転する竜巻も存在するた

第1章
地球の構造

第2章
プレートの運動

第3章
地震

第4章
火山活動

第5章
地球の大気

第6章
大気の運動

第7章
日本の天気

第8章
地球環境

め、竜巻では転向力がほとんど作用していないと考えられます。竜巻は、大気の状態が不安定になっているときに発生することが多くなっています。

　日本における竜巻の月別の発生数は9月が最も多く、夜間よりも昼間に発生しやすい傾向があります。2013年9月2日には、14時ごろに埼玉県で発生した竜巻が北東へ移動し、14時30分ごろに茨城県で消滅しました。この竜巻によって、幅300m、長さ19kmにわたって、家屋の全壊や半壊、電柱の倒壊、数十名の負傷者が出ました。

## 閉塞前線

　温暖前線と寒冷前線はともに西から東へ移動しますが、前線の移動速度は温暖前線よりも寒冷前線のほうが速いため、温暖前線と寒冷前線の間にある暖気の範囲は次第に狭くなっていきます。やがて寒冷前線が温暖前線に追いつくと閉塞前線ができます（図6-13）。閉塞前線の周囲の地表付近は寒気に覆われますので、閉塞前線が形成された数日後には、温帯低気圧は消滅します。

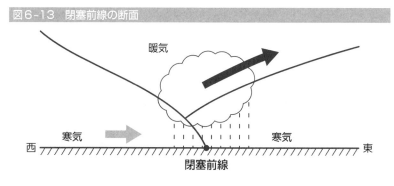

図6-13　閉塞前線の断面

### 前線の通過と気温の変化

　温暖前線の東側には寒気が分布しますが、温暖前線の南西側には暖気が分布します。温暖前線が西から東へ通過すると、南西側から暖気が入り込んでくるため、一般に気温が上昇します。

　一方、寒冷前線の東側には暖気が分布しますが、寒冷前線の北西側には寒気が分布します。寒冷前線が西から東へ通過すると、北西側から寒気が入り込んでくるため、一般に気温が低下します。

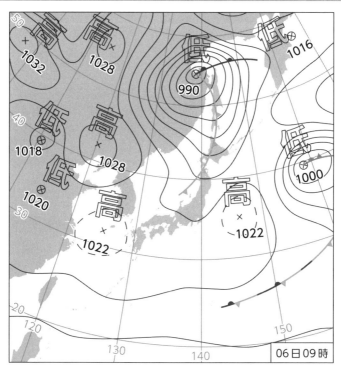

（気象庁）

第1章 地球の構造

第2章 プレートの運動

第3章 地震

第4章 火山活動

第5章 地球の大気

第6章 大気の運動

第7章 日本の天気

第8章 地球環境

　2022年4月6日9時には、北日本を寒冷前線が通過し、北海道では曇りや雨のところが多くありました（図6-14）。この日の札幌では、夜半過ぎから明け方にかけては、南よりの風が吹き気温がほとんど下がりませんでしたが、午前9時ごろに寒冷前線が通過したため、午前9時以降には北よりの風となり、気温が大きく低下しました（図6-15）。寒冷前線が通過すると、気温が1時間で5℃程度下がることもあります。

**図6-15　2022年4月6日の札幌における気温と風向の変化**

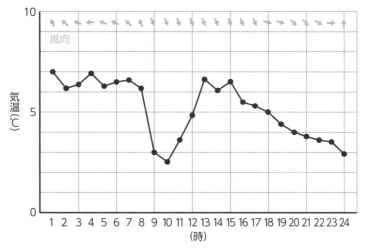

（気象庁）

# 熱帯低気圧

## 熱帯低気圧の発生

　熱帯や亜熱帯の海上で発生する低気圧を熱帯低気圧といいます。熱帯低気圧は、緯度 5 ～20°付近の海面水温が27℃以上の海上で発生することが多く、転向力の小さい赤道付近ではあまり発生しません。熱帯は主に暖気で覆われ、暖気と寒気の境界がありませんので、熱帯低気圧が前線を伴うことはありません。

　熱帯低気圧のうち、北西太平洋で発生し、最大風速が約17m/s以上になったものを台風といいます。台風は年間に約25個発生しています。また、熱帯低気圧のうち、カリブ海やメキシコ湾などで発生し、最大風速が約33m/s以上のものをハリケーン、ベンガル湾やアラビア海などで発生し、最大風速が約17m/s以上のものをサイクロンといいます。

## 台風の大きさと強さ

　天気予報では、台風の大きさと強さが発表されることがあります。これらは、風速に基づいて階級分けされています。風速15m/s以上の領域を強風域、風速25m/s以上の領域を暴風域といいます。

　気象庁では台風の大きさを、強風域の半径が500㎞以上800㎞未満のときは「大型」、800㎞以上のときは「超大型」と区分します。東京と札幌の距離は約830㎞、東京と福岡の距離は約880㎞で

第1章 地球の構造
第2章 プレートの運動
第3章 地震
第4章 火山活動
第5章 地球の大気
第6章 大気の運動
第7章 日本の天気
第8章 地球環境

すので、超大型の台風だと、本州のほぼ全域が強風域に入る大きさになります。また、台風の強さは、最大風速が33m/s以上～44m/s未満のときは「強い」、44m/s以上～54m/s未満のときは「非常に強い」、54m/s以上のときは「猛烈な」と表現します。

## 台風の構造

台風の下層では、空気が反時計回りに吹き込み、中心付近で上昇気流となって、上層では空気が時計回りに吹き出しています（図6-16）。台風に伴う地表付近の風は、一般に中心から50～100km付近で最も強くなりますが、台風の中心では風が弱く、青空が見えることもあります。雲がほとんどない直径数十kmの台風中心の領域を台風の目といいます。

台風に吹き込む地表付近の風は、回転による外向きの遠心力がはたらくため、台風の目に入り込むことができず、台風の目の外側で強い上昇気流となり、積乱雲の壁をつくります。このような台風の目に接する壁のような積乱雲をアイウォール（目の壁雲）といいま

### 図6-16　台風の構造

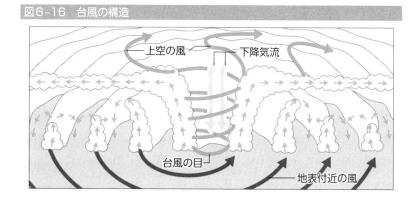

上空の風 ─　　　　　─ 下降気流

台風の目

地表付近の風

す。

　また、台風の周囲では、らせん状にのびる積乱雲の壁が形成されますので、その下で帯状の降雨域ができます。これを**スパイラルバンド**といいます。スパイラルバンドでは、台風の中心からやや離れていても激しい雨が降ることがあります。

### 台風のエネルギー源

　熱帯の海面では、多量の水蒸気が蒸発しています。水蒸気を含んだ空気が台風に流れ込み、中心付近で上昇することによって積乱雲が発生します。雲は大気中の水蒸気が凝結してできた水滴で構成されていますので、積乱雲が発生したということは、水蒸気が水になる状態変化が起こっているわけです（図6-17）。

　水蒸気が水になるときには潜熱（凝結熱）が放出されますので、積乱雲の中では、この潜熱によって空気が暖められています。空気は温度が高いほど密度が小さく（軽く）なりますので、暖められた空気が上昇することによって、台風の中心付近ではさらに上昇気流が強まり、台風の下層では中心に吹き込む風も強まって、台風は発達することができます。すなわち、水蒸気が凝結するときに放出された潜熱が台風のエネルギー源となっているのです。

　台風が熱帯の海上で発達するのは、多量の水蒸気が供給されるからです。一方、海面水温の低いところでは、海面からの蒸発量が少ないため、台風は発達できません。また、台風が上陸すると、水蒸気の供給を失うため、台風の勢力は衰えていきます。

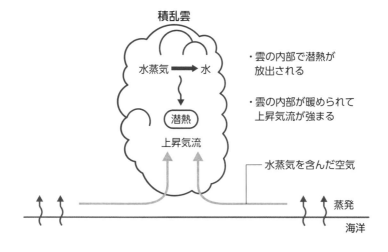

**図6-17　台風のエネルギー源**

積乱雲

水蒸気　→　水

潜熱

上昇気流

・雲の内部で潜熱が
　放出される

・雲の内部が暖められて
　上昇気流が強まる

水蒸気を含んだ空気

蒸発

海洋

第1章
地球の構造

第2章
プレートの運動

第3章
地震

第4章
火山活動

第5章
地球の大気

第6章
大気の運動

第7章
日本の天気

第8章
地球環境

## 台風の進路

　台風が発生する夏から秋にかけて、日本の南側には北太平洋高気圧（小笠原高気圧）が発達しています。北太平洋高気圧よりも低緯度側では貿易風が卓越していますので、熱帯の海上で発生した台風は、貿易風によって西向きに移動します（図6-18）。

　北太平洋高気圧からは時計回りに風が吹き出していますので、北太平洋高気圧の西側では南から北へ風が吹いています。この風によって、北太平洋高気圧の西側では、台風が北上して日本列島に近づいてきます。

　7月〜8月上旬には日本列島が北太平洋高気圧に覆われているため、台風は日本列島の西側を北上しますが、8月下旬〜9月には北太平洋高気圧の勢力が弱まり、日本の南東側へ遠ざかっていくた

図6-18　台風の進路

7月　8月　9月

10月

北太平洋高気圧

6月

11月

（気象庁）

め、台風が日本に接近しやすくなります。台風の中心が日本列島から300km以内に接近する台風の数は、8月〜9月に最も多くなり、平均すると2か月間で約6個になります。日本付近では偏西風が卓越していますので、日本に接近した台風は、偏西風によって東向きに移動することが多くなります。

## 台風による災害

　台風や低気圧の通過に伴って、海面が高くなる現象を高潮（たかしお）といいます。台風や低気圧の中心付近は気圧が低いため、空気の重さによって海面を押さえつける力が小さくなっています。そのため、海面が吸い上げられるように高くなるのです。このような気圧の低下によって海面が高くなることを吸い上げ効果といいます。気圧が1hPa低下すると、吸い上げ効果によって海面は約1cm上昇しますので、気圧が1000hPaだったところへ中心気圧が950hPaの台風が接近すると、海面は約50cm高くなります。

第1章 ‖‖
地球の構造

第2章 ‖‖
プレートの運動

第3章 ‖‖
地 震

第4章 ‖‖
火山活動

第5章 ‖‖
地球の大気

第6章 ‖‖
大気の運動

第7章 ‖‖
日本の天気

第8章 ‖‖
地球環境

　また、台風の周囲では強い風が吹いているため、海岸付近では沖から海水が吹き寄せられることがあります。風に運ばれた海水が海岸付近に集まって、海面が高くなることを**吹き寄せ効果**といいます（図6-19）。特に、台風の風が吹いている方向に湾があると、湾の奥に海水が流れ込んで、海面が大きく上昇することがあります。大阪湾、伊勢湾、東京湾の沿岸には、人口の多い大都市もあるため、過去にくり返し高潮による被害を受けてきました。

図6-19　高潮の原因

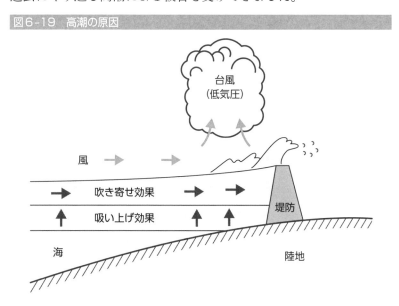

風浪とうねり

　海面の波は、海上の風によってできます。風が吹いている場所の海上でできた波を**風浪（ふうろう）**といいます。風浪は、風が強く、風の吹く時間が長いほど発達して、波が高くなります。波の形は不規則で、波の先端が尖（とが）っています。また、風が強いときには、波が高く、急傾

斜の波が崩れ落ちて白波（泡立って白く見える波）ができることもあります（図6-20）。

図6-20　風　浪

一方、風があまり吹いていない場所でも波が発生していることがあります。遠い場所で発生した風浪が伝わってくることもあれば、風が急に弱まって波が残されることもあるためです。このような波は**うねり**といいます。うねりは、波の先端が丸みを帯び、傾斜が緩やかな形をしていますが、沖合から沿岸に伝わってくると、急に波が高くなることもあります。

　夏から秋にかけて、日本の南の海上では台風が発生しますので、台風によって発生した風浪が伝わり、遠く離れた日本の太平洋沿岸ではうねりとなることがあります。このようなうねりのうち、夏の土用（立秋の前の約18日間・7月下旬〜8月上旬ごろ）の時期に海岸に打ち寄せる大波を**土用波**といいます。2019年8月11日には、日本の南（小笠原近海）に台風10号があり、台風から離れた神奈川県や千葉県の沿岸では、海水浴や釣りをしていた方が波にさらわれる水難事故が発生しました。台風の中心が離れたところにあっても、太平洋沿岸では台風による波の影響を受けることがあるのです。

# 日本の天気

## 冬の天気

### 冬の気圧配置

　冬の大陸では日射量が少なくなり、地表面は放射冷却によって低温となるため、強い寒気を伴った**シベリア高気圧**が発達します。一方、アリューシャン列島付近の北太平洋では低気圧が発達します（図7-1）。このように、日本の西側に高気圧、東側に低気圧が分布する気圧配置を**西高東低**（冬型）の気圧配置といいます。

　高気圧では風が時計回りに吹き出し、低気圧では風が反時計回りに吹き込んでいますので、西側の高気圧と東側の低気圧の間にある日本列島では北西の**季節風**が卓越します。また、西高東低の気圧配置のとき、日本付近では南北方向にのびる等圧線が集まっています。一般に等圧線の間隔が狭いところほど風が強く吹きますので、この季節風は強い風となります。

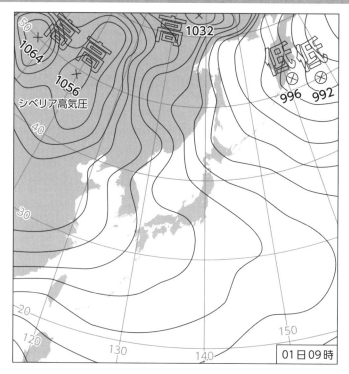

図7-1　冬の天気図（2019年1月1日）

シベリア高気圧

1064
1056
1032
996　992

01日09時

（気象庁）

## 日本海の影響

　大陸のシベリア高気圧から吹き出す風は乾燥していますが、この風が日本海を通過するとき、海上の空気よりも温度の高い日本海から、熱と水蒸気の供給を受けます。日本海の海上では、暖められ湿った空気が上昇するため、積雲が形成されます（図7-2）。さらに、この積雲は北西の季節風によって筋状（すじじょう）にのびることが、気象衛星の可視画像（雲によって反射された太陽光を気象衛星で観測して作

第1章
地球の構造

第2章
プレートの運動

第3章
地震

第4章
火山活動

第5章
地球の大気

第6章
大気の運動

第7章
日本の天気

第8章
地球環境

## 図7-2　水蒸気の供給と日本海側での降雪

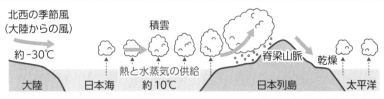

北西の季節風
（大陸からの風）

約-30℃

大陸　　日本海

積雲

熱と水蒸気の供給
約10℃

脊梁山脈

日本列島

乾燥

太平洋

（出典：啓林館『高等学校 地学基礎』）

成された画像）で確認でき
ます（図7-3）。このよう
な雲は筋状の雲とよばれ、
西高東低の気圧配置のとき
に日本海や太平洋の海上に
現れます。

### 図7-3　気象衛星で観測した
### 冬の典型的な雲画像（可視画像）

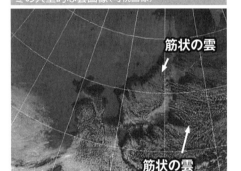

筋状の雲

筋状の雲

（出典：啓林館『高等学校 地学基礎』）

## 日本海側と太平洋側の天気

　日本海の海上で熱と水蒸
気の供給を受けた空気が日本列島に流れ込んでくると、脊梁山脈に
ぶつかって上昇気流となります。そのため、日本海側では雲が発達
し、日本海側の地域に雪や雨をもたらします（図7-2）。

　雪や雨を降らせ、脊梁山脈を越えた空気は再び乾燥しますので、
このような空気が吹き下りる太平洋側の地域では乾燥した晴天とな
ります。2019年1月1日の平均湿度は、日本海側の富山市では85
％、新潟市では88％でしたが、太平洋側の浜松市（静岡県）では48
％、水戸市（茨城県）では62％でした。時間帯によっては、太平洋

側の湿度は30％を下回ることもあります。

　山を越えて吹き下りる冷たく乾燥した強い風をからっ風といいます。からっ風は冬の太平洋側の地域で吹くことが多く、特に局地的な風はおろしといいます。このような風のうち、群馬県の赤城山（あかぎ）のほうから南東側へ吹く風は赤城おろしとよばれ、滋賀県と岐阜県の県境にある伊吹山（いぶき）のほうから南東側の濃尾平野（のうび）へ吹く風は伊吹おろしとよばれています。

## 最終氷期の日本の降雪量

　今から約７万〜１万年前は最終氷期とよばれる寒冷な時期であり、特に今から約２万年前は最終氷期の中でも最も寒冷な時期でした。寒冷期には海から蒸発した水が雪となって降り、陸上には氷河が拡大します。陸上の氷河が拡大した分だけ海水が減少しますので、約２万年前には海面が現在より約120mも低下していました（図７-４）。

図７-４　寒冷期と温暖期における海水準変動

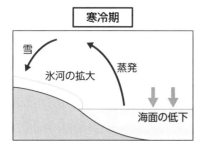
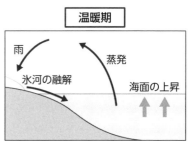

　約２万年前には海面の低下によって日本海の面積が縮小し、九州と朝鮮半島の間にある対馬海峡（つしま）は、陸地や浅い海になっていまし

た。そのため、暖流の対馬海流が東シナ海から日本海へほとんど流れ込まなくなりました。その結果、日本海の海面水温が低下し、日本海からの蒸発量が減少したため、約２万年前は現在よりも寒冷であったにもかかわらず、日本列島の降雪量は現在よりも少なかったと考えられています。冬の日本海側に降る雪は、その供給源が日本海の水であるため、気候変動によって日本海の海面水温や面積が変化すると、日本海側の降雪量も変化することになります。

## 太平洋側の雪

西高東低の気圧配置のとき、北西の季節風が強まって、強い寒気が入り込んでも関東地方の南部で雪が降ることはほとんどありません。ところが、冬の後半には、関東地方の南部でも雪が降ることがあります。

冬の後半には日射量の増加に伴ってシベリア高気圧が衰え始めるため、西高東低の気圧配置が崩れることが多くなります。このようなときに、温帯低気圧が本州の南岸に沿って東へ通過していくことがあります。このような低気圧を南岸低気圧といいます。

南岸低気圧の中心から東側にのびる温暖前線では、暖かく湿った空気が南側から流れ込んで上昇気流となります。そのため、温暖前線の北東側に乱層雲などの雲が広がります。一方、温暖前線の北東側の地表付近では、南岸低気圧に向かって北側から寒気が入り込んできます。上空の乱層雲から降る雪は、地表付近に強い寒気があることによって、融けずに地上まで到達することができるのです。

2011年２月14日には、南岸低気圧が本州の南岸に沿って進み、

九州から東北にかけての広い範囲で雪や雨が降りました（図7-5）。この日の積雪は、大阪で3㎝、和歌山で6㎝、名古屋で4㎝、横浜で4㎝、東京で2㎝、水戸で3㎝でした。

図7-5　南岸低気圧（2011年2月14日）

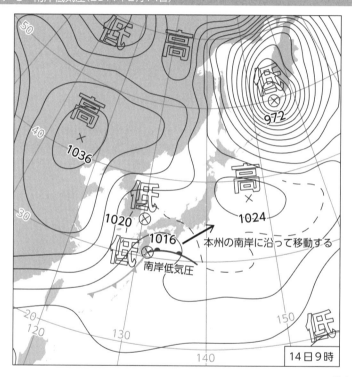

（気象庁）

第1章
地球の構造

第2章
プレートの運動

第3章
地震

第4章
火山活動

第5章
地球の大気

第6章
大気の運動

第7章
日本の天気

第8章
地球環境

# 春の天気

## 春一番

　２月以降に西高東低の気圧配置が崩れると、温帯低気圧が日本の南岸を東へ通過することもありますが、低気圧の進路が北側に移り、日本海を東へ通過することもあります。特に日本海で急速に発達しながら進んでいく低気圧は日本海低気圧とよばれています。

　2018年２月14日には日本海低気圧の発達により、九州北部、中国、北陸などでは、太平洋の高気圧から日本海の低気圧に向かって、暖かく強い南風が吹きました（図７‐６）。立春（２月４日ごろ）以後の最初に吹く暖かく強い南風を春一番といいます。

　2018年に九州から北陸にかけて春一番をもたらした日本海低気圧は、中心気圧が24時間で26hPaも低下しました（図７‐６）。そのため、低気圧に向かって吹き込む風が強まり、２月14日の22時50分には、佐渡島の両津（新潟県）で最大瞬間風速33.4m/sを観測しました。春一番はこのように台風並みの強風となることもありますので、大きな災害をもたらすこともあります。

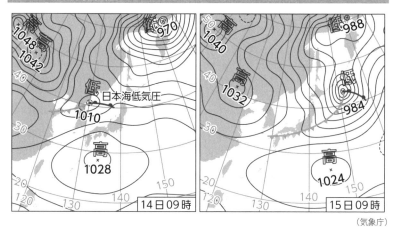

図7-6　日本海低気圧（2018年2月14日・15日）

14日09時 / 15日09時

（気象庁）

## 春のあらし

　春は日本付近で温帯低気圧が急速に発達することが多いため、低気圧に向かって強い風が吹き、荒れた天気となることがよくあります。春のこのような天気を春のあらしといいます。

　2012年4月4日には、北海道の東にあった温帯低気圧が発達し、中心気圧が950hPaまで下がりました。酒田市飛島（山形県）では午前0時10分に最大瞬間風速51.1m/s、佐渡島の両津（新潟県）では午前1時20分に最大瞬間風速43.5m/sを観測しました。首都圏では大規模な鉄道の運休があり、空では500便以上の旅客機が欠航しました。東北地方では30万世帯で停電が発生したり、車が横転したりするなどの被害が発生しました。また、倒れた建物の下敷きになったり、強風にあおられて転倒したりするなど、全国で5人が死亡し、350人以上が負傷したことが報告されています。

第1章 地球の構造

第2章 プレートの運動

第3章 地震

第4章 火山活動

第5章 地球の大気

第6章 大気の運動

第7章 日本の天気

第8章 地球環境

　風速10m/s以上の日数を調べると、東京では２月〜４月に風の強い日が多いことがわかります（図７−７）。風速が10m/sを超えると、人は風に向かって歩きにくくなり、傘をさすことが困難になります。また、樹木や電線が揺れ、高速で運転している人は、車が横風に流されるような感覚を受けます。このように、春は強風に注意しなければならない季節ともいえます。

図7-7　東京における風速10m/s以上を観測した日数（平年値）

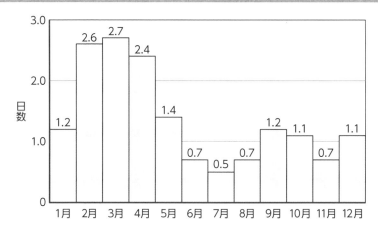

### 周期的な天気

　３月〜５月ごろには、偏西風の影響によって、温帯低気圧だけでなく高気圧も日本付近を西から東へ通過します。このような高気圧を移動性高気圧といいます。温帯低気圧と移動性高気圧は交互に通過していくことが多いため、天気は周期的に変化します。

　2019年３月18日には日本列島が広く移動性高気圧に覆われ、中国地方から北日本にかけて天気は概ね晴れでした。３月19日には

移動性高気圧は日本の東へ移動し、東シナ海で発生した温帯低気圧が九州地方へ進んできたため、九州南部では激しい雨が降ったところもありました（図7-8）。

　高気圧からは時計回りに風が吹き出していますので、移動性高気圧の西側では、南よりの暖かい空気が流れ込み、気温が上昇します。2019年3月18日の千葉市の平均気温は9.9℃でしたが、移動性高気圧が通過した3月19日の平均気温は14.1℃でした。一方、温帯低気圧の西側では、寒冷前線に向かって寒気が流れ込むため、気温が低下します。すなわち、移動性高気圧と温帯低気圧が交互に通過すると、気温も周期的に変化することになります。

**図7-8　移動性高気圧の通過（2019年3月18日・19日）**

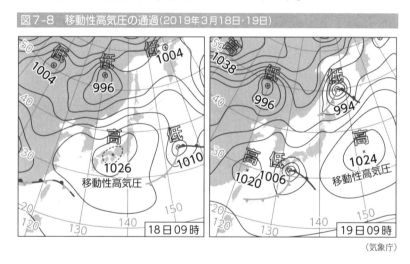

（気象庁）

### 遅　霜

　移動性高気圧に覆われた夜間には、上空の雲がほとんどありませんので、放射冷却が強まって（地表の熱が宇宙へ放出されやすくなっ

第1章
地球の構造

第2章
プレートの運動

第3章
地震

第4章
火山活動

第5章
地球の大気

第6章
大気の運動

第7章
日本の天気

第8章
地球環境

て）霜がおりることがあります。霜とは、0℃以下の物体の表面で、大気中の水蒸気が氷の結晶となったものです。一般に霜ができることを霜がおりると表現します。特に、晩春から初夏にかけておりる霜を遅霜といいます。

遅霜は農作物に被害をもたらすことがあります。静岡県では、遅霜や低温による年間のお茶の被害額が40億円を超えたこともありました。最近では茶園に建てられた電柱の上に防霜ファンとよばれる送風機を取り付け、地表の気温が低いときには、地表の冷たい空気の上にあるやや暖かい空気を送り込んで、霜や低温による被害を防ぐ対策が行われています。

## 黄砂現象

東アジアの砂漠（ゴビ砂漠やタクラマカン砂漠など）から強風によって大気中に舞い上がった多量の砂が、偏西風によって運ばれ、日本などの広い範囲に降下することがあります。このような現象を黄砂現象といいます。黄砂は北アメリカでも観測されたことがあります。

東アジアの砂漠の砂が舞い上がるためには、冬に積もった雪が融け、地表面が乾燥する必要があります。また、低気圧に伴う強風や上昇気流が、地表の砂を上空へ運びます。このように、黄砂現象には、土壌や気象の要因が関係しています。

日本では黄砂現象は3月～5月に多く観測されています。飛来する粒子は直径4μm（1μm＝0.001mm）くらいのものが多く、石英や長石などの鉱物を含んでいます。このような粒子によって、目や

161

鼻などのアレルギー疾患、気管支炎や肺炎などの呼吸器疾患を引き起こす可能性が報告されています。粒子が繊維に入り込むことを防ぐために、洗濯物やふとんなどを外に干さないほうがよいこともあります。

　また、黄砂が観測されている日には、空がやや黄色に見えたり、風景がぼんやりかすんで見えたりした経験があると思います。黄砂の濃度が高くなると、視程<sup>してい</sup>（肉眼ではっきり見える最大の距離）が悪化するため、交通機関に影響が生じることもあります。黄砂現象は環境や健康など広範囲で日常生活に大きく影響を及ぼすため、春は黄砂情報にも注意する必要があります。

# 梅雨の天気

### 梅雨前線

　日本では6月～7月にかけて、雨の日が続くことが多く、この期間を梅雨(つゆ)といいます。このころ、日本の北側には**オホーツク海高気圧**、南側には**北太平洋高気圧（小笠原高気圧）**ができるため、オホ

**図7-9　梅雨の天気図（2017年6月29日）**

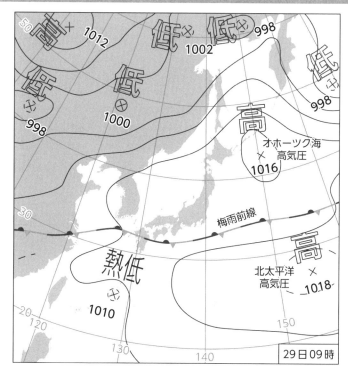

（気象庁）

第1章 地球の構造

第2章 プレートの運動

第3章 地震

第4章 火山活動

第5章 地球の大気

第6章 大気の運動

第7章 日本の天気

第8章 地球環境

ーツク海高気圧からの寒気と北太平洋高気圧からの暖気が日本付近で接触します（図7-9）。

　暖気と寒気の強さがほぼ同じときには、その境界にできる前線はほとんど動きませんので、このような前線を**停滞前線**といいます（図7-10）。特に、梅雨の時期に日本付近にできる停滞前線を**梅雨前線**といいます。

図7-10　停滞前線

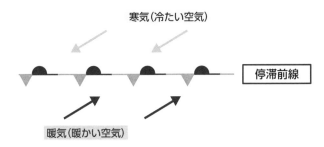

## 梅雨の降水量

　梅雨前線（停滞前線）では、暖気が寒気の上にはい上がるように、上昇気流が発生しますので、雲が発達しやすくなっています（図7-11）。特に、南側の太平洋から流れ込んでくる暖気には多くの水蒸気が含まれていますので、降水量も多くなります。

　日本の年間の平均降水量は約1700mmであり、世界の年間の平均降水量と比べると約2倍になります。このうち、梅雨の時期の降水量は、九州では約500mm、関東では約300mmであり、西日本のほうが多い傾向があります。

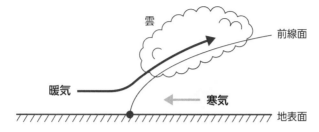

第1章 地球の構造

第2章 プレートの運動

第3章 地震

第4章 火山活動

第5章 地球の大気

第6章 大気の運動

第7章 日本の天気

第8章 地球環境

図7-11　停滞前線における暖気と寒気の接触

雲

前線面

暖気

寒気

地表面

## 線状降水帯

　梅雨前線の南西側には、北太平洋高気圧の西側を回り込むように
して、暖かく湿った空気が流れ込みます。このような空気の流れを
湿舌といいます。特に、同じ場所に湿った空気が流入し続けると、
積乱雲が次々と発生し、同じ地域に数時間にわたって激しい雨が降
ります。このような雨を集中豪雨といいます。さらに、積乱雲は風
の吹く方向に移動しますので、積乱雲が直線状に列をなして移動し
ていきます。そのため、集中豪雨が発生する場所も直線状となりま
す。このような降水域を線状降水帯といいます。

　2017年の九州北部豪雨では、７月５〜６日にかけて梅雨前線に
向かって南から暖かく湿った空気が流れ込み、九州北部に線状降水
帯が形成されました。このとき、福岡県朝倉市では24時間の降水
量が500mmを超え、多くの住宅で全半壊や床上浸水が起こり、水
道や電気、農林業などに甚大な被害が発生しました。

## 西日本と東日本で異なる梅雨

　月別の降水量は、鹿児島や宮崎では６月、福岡や広島では７月に

図7-12　福岡と仙台における月別の降水量(平年値)

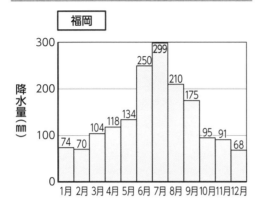

福岡

降水量(㎜)

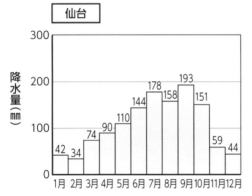

仙台

降水量(㎜)

最も多くなりますが、仙台（宮城県）や宮古（岩手県）では9月、東京や千葉では10月に最も多くなります（図7-12）。東日本の降水量は、梅雨の時期よりも秋の初めごろのほうが多いことがわかります。

　梅雨の時期には、梅雨前線の南側からの暖かく湿った空気は西日本に流れ込むことが多いため、西日本では大雨や集中豪雨となることが多くなりますが、東日本ではオホーツク海高気圧からの冷たく湿った空気が流れ込んで、しとしとと雨が降ることがあります。

　気温が高いほど空気中には水蒸気を多く含むことができる（飽和水蒸気量が大きい）ので、冷たく湿った空気よりも暖かく湿った空気のほうが、空気中の水蒸気量が多いのです。つまり、冷たく湿った空気が流れ込みやすい東日本の降水量よりも、暖かく湿った空気が流れ込みやすい西日本の降水量のほうが多くなります。ただし、

東日本に暖かく湿った空気が流れ込んだ場合には、大雨や集中豪雨が発生することもあります。

　梅雨前線の北側にあるオホーツク海高気圧が発達すると、オホーツク海高気圧から吹き出した冷たい風が、東北地方の太平洋側に流れ込んできます。この風を**やませ**といいます。

　やませは、太平洋から雲や霧を伴って流れ込んでくることがあるため、気温が低下するだけでなく、日照時間も少なくなります。そのため、東北地方の太平洋側では稲などの農作物に被害が出ることがあります。このような低温による農作物の被害を**冷害**といいます。

## オホーツク海高気圧

　梅雨の時期に、上空のジェット気流は、ヒマラヤ山脈の影響で大きく蛇行したり、2本の流れに分かれたりすることがあります。2本のジェット気流は、オホーツク海の東側で再び合流しますが、合流する手前のオホーツク海の上空では空気が集まり、下降気流となることで**オホーツク海高気圧**が形成されます。オホーツク海高気圧のように、ジェット気流の蛇行や分流によって、地上で停滞する高気圧を**ブロッキング高気圧**といいます。

　7月中旬になると、ジェット気流が北上してチベット高原の北側を通るようになり、日本付近では南側のジェット気流が北側のジェット気流に合流します。このとき、オホーツク海上空の空気の滞留がなくなり、オホーツク海高気圧が消えますので、梅雨前線が北上するようになります。

第1章 地球の構造
第2章 プレートの運動
第3章 地震
第4章 火山活動
第5章 地球の大気
第6章 大気の運動
第7章 日本の天気
第8章 地球環境

## 梅雨明け

　梅雨の時期が始まることを**梅雨入り**といい、梅雨の時期が終わることを**梅雨明け**といいます。梅雨の後半になると、オホーツク海高気圧が消え、北太平洋高気圧が発達して梅雨前線を北へ押し上げるようになります。つまり、日本の南側から順に梅雨明けとなります（表7-1）。梅雨の期間は、どの地域でも40〜50日程度となっています。

表7-1　平年の梅雨入りと梅雨明け

|  | 梅雨入り | 梅雨明け |
|---|---|---|
| 沖　縄 | 5月10日ごろ | 6月21日ごろ |
| 九州南部 | 5月30日ごろ | 7月15日ごろ |
| 九州北部 | 6月4日ごろ | 7月19日ごろ |
| 近　畿 | 6月6日ごろ | 7月19日ごろ |
| 関東甲信 | 6月7日ごろ | 7月19日ごろ |
| 東北南部 | 6月12日ごろ | 7月24日ごろ |

（気象庁）

# 夏の天気

## 夏の気圧配置

　７月下旬になると、梅雨前線が北上し、日本列島は北太平洋高気圧に覆われるようになります。北太平洋高気圧の中心は日本の南側にあり、日本の北側には低気圧が分布するため、南高北低（夏型）

**図7-13　夏の天気図（2019年8月1日）**

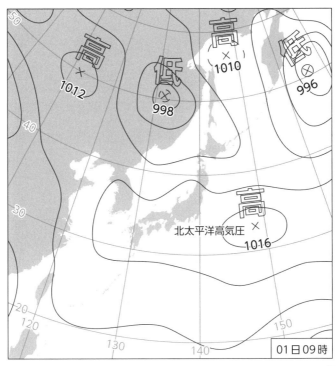

（気象庁）

第1章 地球の構造
第2章 プレートの運動
第3章 地震
第4章 火山活動
第5章 地球の大気
第6章 大気の運動
第7章 日本の天気
第8章 地球環境

の気圧配置となります（図7-13）。

　風は高気圧から低気圧に向かって吹きますので、日本付近では南側から暖かく湿った風が流れ込み、蒸し暑くなります。ただし、高気圧に覆われた日本付近は、等圧線の間隔が広いため、陸上で風が強く吹くことはほとんどありません。

　8月〜9月には、台風が日本列島に接近しやすくなります。台風が近づくと、大雨や集中豪雨が発生しやすくなり、河川が氾濫して大きな被害が出ることがあります。台風は北太平洋高気圧の西側を北上し、日本付近では偏西風の影響を受けて北東方向へ移動する傾向があります。

## 海陸風

　夏は等圧線の間隔が広く、高気圧と低気圧による風が弱くなりますので、夏の海岸付近では、海面と陸地の温度差によって吹く風が卓越することがあります。この風は、日中には海から陸へ吹き、夜間には陸から海へ吹くように、1日周期で風向が変化します（図7-14）。海岸付近におけるこのような風を海陸風といいます。

　海は暖まりにくく冷めにくいという特徴がありますので、海面の温度は1日を通してあまり変化しません。一方、陸地の温度は1日の間に大きく変化します。日中は日射を受けることによって、陸地の温度は大きく上昇しますが、夜間は放射冷却によって、陸地の温度は大きく低下します。

　日中は、陸地の温度は海面の温度よりも高くなります。陸上の空気は高温の地面から暖められ、上昇気流が発生しますので、地表の

第1章 地球の構造

第2章 プレートの運動

第3章 地震

第4章 火山活動

第5章 地球の大気

第6章 大気の運動

第7章 日本の天気

第8章 地球環境

気圧が低くなり、海から陸に向かって風が吹くようになります。このような風を海風といいます。

　一方、夜間は、陸地の温度は海面の温度よりも低くなります。そのため、陸上では下降気流が発生しますので、気圧が高くなり、陸から海に向かって風が吹くようになります。このような風を陸風といいます。

図7-14　海陸風

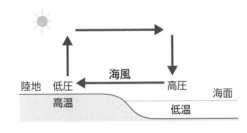

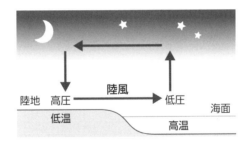

凪

　日本列島が北太平洋高気圧に覆われた2019年8月1日には、笠岡（岡山県）では、日中は瀬戸内海からの海風が卓越していましたが、夜間には北よりの陸風が卓越していました（図7-15）。一般に海陸風の風速は5 m/s程度です。

171

海風と陸風が交代する明け方と夕方には風がほとんど吹かなくなることがあります。この状態を凪といいます。特に、陸風が海風に変わる明け方の凪を朝凪といい、海風が陸風に変わる夕方の凪を夕凪といいます。2019年8月1日の笠岡では、19時に顕著な夕凪となりました。

図7-15　岡山県笠岡における海風と陸風(2019年8月1日)

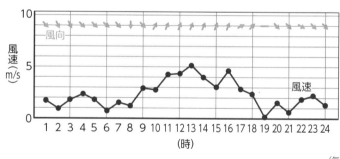

（気象庁）

## 猛暑と夕立

　1日の最高気温が35℃以上になった日を猛暑日といいます。2022年の猛暑日の日数は、東京（千代田区）で16日、さいたま市で19日、熊谷市（埼玉県）で26日でした。

第1章
地球の構造

第2章
プレートの運動

第3章
地震

第4章
火山活動

第5章
地球の大気

第6章
大気の運動

第7章
日本の天気

第8章
地球環境

夏の日中には海風が吹きますが、風が東京などの大都市を通るときに、アスファルト、エアコン、自動車などからの排熱によって空気が加熱されます。その後、加熱された空気が埼玉県に流れ込んでくるため、日中の最高気温は東京都よりも埼玉県のほうが高くなる傾向があります（図7-16）。

夏の午後には、高気圧に覆われていても急に雨が降り出すことがあります。関東地方の内陸では、南から暖かく湿った空気が流れ込み、高温の地面によって空

図7-16　関東地方における夏の午後の空気の流れ

●熊谷

暖められた空気

さいたま

東京

都市の排熱によって
空気が加熱される

海風

気が加熱されますので、上昇気流が発生します。また、北関東の山の斜面に沿って上昇気流が発生することもあります。この上昇気流によって積乱雲が発達しますので、夏の午後には関東の内陸や山沿いでは、夕立（夏の午後に降る激しい雨）や雷雨が発生することが多くなります。

# 秋の天気

秋雨前線

　9月には北太平洋高気圧が南下し、大陸から冷涼な高気圧が南下してきます。このとき、南側の暖気と北側の寒気が日本付近で接して停滞前線が形成されます。9月ごろに日本付近に形成される停滞

**図7-17　秋雨前線と台風（2019年9月21日）**

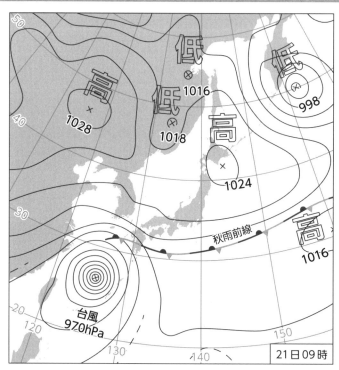

（気象庁）

前線を秋雨前線といいます。

　秋雨前線は梅雨前線と似たような構造をもっていますが、北太平洋高気圧が弱まっていますので、南側からの水蒸気の供給は梅雨前線ほど多くはありません。ただし、9月には台風が日本列島に接近することが多く、台風が秋雨前線に近づくこともあります。このとき、台風の風によって、秋雨前線に湿った空気が流れ込み、日本列島に大雨をもたらすことがあります。

　2019年9月21日には、西日本では秋雨前線の影響で曇りや雨となり、沖縄では台風の影響で暴風雨となりました（図7-17）。台風では、反時計回りに風が吹き込んでいますので、台風の東側では南側から湿った空気が流れ込み、秋雨前線に大量の水蒸気が供給されます。そのため、宮崎県赤江では午前9時に1時間の降水量が107.5mmを観測しました。


## 木枯らしと小春日和

　10月には移動性高気圧と温帯低気圧が日本付近を通過することが多くなり、周期的に天気が変化するようになります。移動性高気圧に覆われると、さわやかな晴天となります。

　11月には大陸にシベリア高気圧が現れて、日本付近が一時的に西高東低の気圧配置になるため、冷たい北西の風が吹くことがあります。晩秋から初冬にかけて吹く強い北西の風を木枯らしといいます。2020年11月4日には一時的に西高東低の気圧配置となり、東京で木枯らしが吹きました（図7-18）。また、木枯らしが吹くとき、大陸からの寒気が日本海で水蒸気の供給を受け、北陸地方や山

第1章　地球の構造
第2章　プレートの運動
第3章　地震
第4章　火山活動
第5章　地球の大気
第6章　大気の運動
第7章　日本の天気
第8章　地球環境

陰地方などに断続的に雨や雪をもたらすことがあります。このような状態を**しぐれ**といいます。

　一方、晩秋から初冬にかけて、暖かく穏やかな晴れの天気となることもあります。このような天気を**小春日和**といいます。小春日和となるとき、日本列島は移動性高気圧に広く覆われ、等圧線の間隔が広くなるため、風が弱くなります。木枯らしや小春日和は、俳句では冬の季語として使われています。

図7-18　冬型の気圧配置と木枯らし（2020年11月4日）

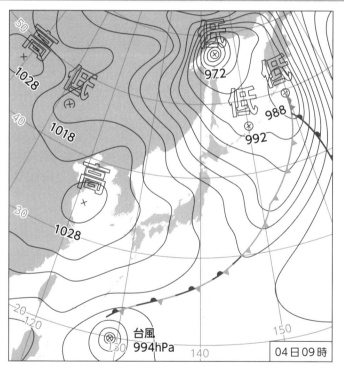

（気象庁）

# 地球環境

## 大気と海洋の相互作用

### 通常時の赤道太平洋

　赤道付近の太平洋では、東から西へ吹く貿易風が卓越していますので、海洋表層の海水が西向きに流れています。赤道付近の海水は

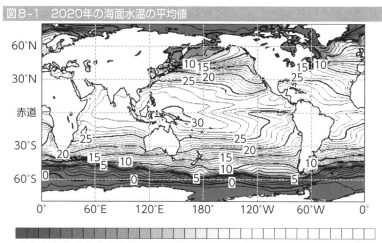

図8-1　2020年の海面水温の平均値

海面水温(℃)

（気象庁）

177

太陽放射によって暖められていますので、暖かい海水が西向きに流れることによって、赤道太平洋の海面水温は東部よりも西部のほうが高くなっています（図8-1）。また、赤道太平洋の東部では、深海から冷たい海水が湧き上がっています（図8-2）。

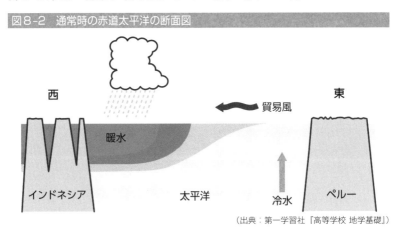

**図8-2　通常時の赤道太平洋の断面図**

（出典：第一学習社『高等学校 地学基礎』）

### エルニーニョ現象

　数年に一度、赤道太平洋の貿易風が数か月にわたって弱まることがあります。貿易風が弱まると、通常時に西側へ吹き寄せられていた暖水が、東へ押し戻されるように広がります（図8-3）。また、赤道太平洋東部では、深海からの冷たい海水の湧き上がりも弱まります。このようにして赤道太平洋東部の海面水温は通常時よりも高くなります。

　赤道太平洋東部の月平均海面水温が、6か月以上続けて通常時よりも0.5℃以上高くなっている現象を**エルニーニョ現象**といいます。2015年11月にはエルニーニョ現象が最盛期となり、赤道太平洋東部の海面水温は通常時よりも約2.9℃高くなっていました（図

8-4）。

　通常時には海面水温の高い赤道太平洋西部では上昇気流によって
活発に積乱雲が発生しますが、エルニーニョ現象発生時には、西部
の暖水が東へ広がるため、積乱雲が発生する場所も東へ移動し、積
乱雲は赤道太平洋中部で活発に発生するようになります。

第1章　地球の構造

第2章　プレートの運動

第3章　地震

第4章　火山活動

第5章　地球の大気

第6章　大気の運動

第7章　日本の天気

第8章　地球環境

## 図8-3　エルニーニョ現象発生時の赤道太平洋の断面図

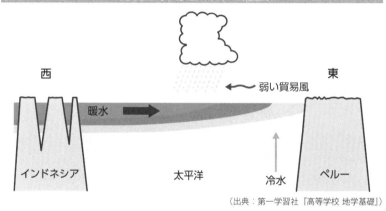

（出典：第一学習社『高等学校 地学基礎』）

## 図8-4　2015年11月の平均海面水温の平年偏差（通常時との差）

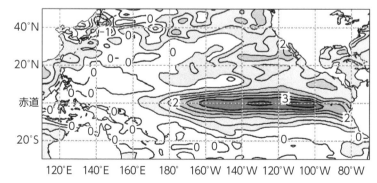

図中の2などの数値は、通常時より2℃高いことなどを示す。　　　（気象庁）

179

ラニーニャ現象

　赤道太平洋の貿易風は、数か月にわたって強まることもあります。貿易風が強まると、赤道太平洋の暖かい海水がより多く、西側へ運ばれますので、赤道太平洋西部の暖水層が通常時よりも厚くなります（図8-5）。また、赤道太平洋東部では、深海からの冷たい海水の湧き上がりも強まります。このようにして赤道太平洋東部の海面水温は通常時よりも低くなります。

　赤道太平洋東部の月平均海面水温が、6か月以上続けて通常時よりも0.5℃以上低くなっている現象をラニーニャ現象といいます。2010年11月にはラニーニャ現象が最盛期となり、赤道太平洋東部の海面水温は通常時よりも約1.6℃低くなっていました（図8-6）。ラニーニャ現象発生時には、西部の暖水層が厚くなるため、西部では積乱雲が活発に発生するようになります。

図8-5　ラニーニャ現象発生時の赤道太平洋の断面図

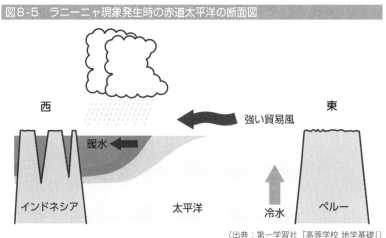

（出典：第一学習社『高等学校 地学基礎』）

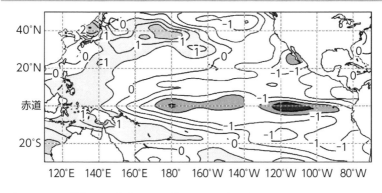

図8-6　2010年11月の平均海面水温の平年偏差（通常時との差）

図中の-1などの数値は、通常時より1℃低いことなどを示す。　　　　　（気象庁）

## エルニーニョ現象の影響

　エルニーニョ現象発生時とラニーニャ現象発生時では、赤道太平洋において上昇気流の卓越する場所が異なるため、赤道太平洋の気圧の低いところも異なります。インドネシア付近（赤道太平洋西部）で気圧が低いときには、太平洋東部では気圧が高く、インドネシア付近で気圧が高いときには、太平洋東部では気圧が低くなります。赤道太平洋の気圧が東西でシーソーをするように、一方で高くなると他方で低くなるように変動しているため、この現象を南方振動といいます。赤道太平洋の気圧はエルニーニョ現象やラニーニャ現象に伴って変化するため、これらの現象をまとめてＥＮＳＯ（El Niño Southern Oscillation：エルニーニョ・南方振動）とよぶこともあります。

　大気と海洋は相互に影響を及ぼし合っています。エルニーニョ現象やラニーニャ現象に伴う熱帯の大気と海洋の変動は、中高緯度の

第1章
地球の構造

第2章
プレートの運動

第3章
地震

第4章
火山活動

第5章
地球の大気

第6章
大気の運動

第7章
日本の天気

第8章
地球環境

気象にも影響があります。このように離れた場所の気象が連動していることを**テレコネクション**といいます。

　一般にエルニーニョ現象が発生すると、夏には北太平洋高気圧が弱まるため、日本では梅雨明けが遅れ、夏の降水量が多くなったり、平均気温が低下したりする傾向があります。このような傾向は、特に西日本で顕著に現れます。また、冬には北西の季節風が弱まるため、日本では平均気温が高くなる傾向があります。特に東日本で冬の平均気温が高く、日照時間が少なくなります。

　通常時には赤道太平洋東部では深海から冷たい海水が湧き上がっています。深海にはプランクトンの餌となる栄養塩が豊富に含まれていますので、赤道太平洋東部では植物プランクトンが大量に発生し、それを食べる動物プランクトンが増え、さらにそれを食べる魚が集まってきます。このようにして、赤道太平洋東部はカタクチイワシの良い漁場となっています。

　しかし、エルニーニョ現象が発生すると、東部では冷たい海水の湧き上がりが弱まりますので、プランクトンが減少し、漁獲量が大幅に減ってしまうのです。このように、エルニーニョ現象は、気象だけでなく経済にも大きな影響を与えています。

# オゾン層の破壊

## オゾンの生成と消滅

　太陽からの紫外線は、生物のＤＮＡを破壊する有害なものです。生物は古生代前半（約４億年前）に海から陸へ生活の場を拡大させました。これは古生代前半までに、上空に太陽からの紫外線を吸収する**オゾン層**が形成され、地表に到達する紫外線が減少したためと考えられています。

　成層圏では太陽からの紫外線によって、酸素分子（$O_2$）が分解して酸素原子（O）となります（図8-7）。その酸素原子が別の酸素分子と結合してオゾン（$O_3$）が生成されます。このときの化学反応式は次のように表されます。

$$O_2 + O + M \rightarrow O_3 + M$$

　ここで、$M$は窒素分子や酸素分子などで、オゾンが酸素原子と酸素分子に分解しないように安定化させる役割を担う物質です。

　一方、オゾンは酸素原子と反応して２つの酸素分子となりますので、この反応でオゾンは消滅します。このときの化学反応式は次のように表されます。

$$O_3 + O \rightarrow 2O_2$$

　これらの生成と消滅の反応によって、成層圏のオゾン濃度がほぼ一定に保たれています。

　オゾンの生成には太陽からの紫外線が必要ですので、オゾンが生

第1章 地球の構造
第2章 プレートの運動
第3章 地震
第4章 火山活動
第5章 地球の大気
第6章 大気の運動
第7章 日本の天気
第8章 地球環境

成される場所は主に低緯度の成層圏です。ここで生成されたオゾン
が、大気の循環によって高緯度へ輸送されています。

### 図8-7　オゾンの生成と消滅

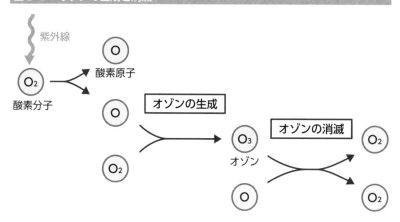

### フロンによるオゾンの破壊

　かつて人工的に生産された**フロン**（塩素、フッ素、炭素などの化合物）は、電子部品の洗浄、エアコンや冷蔵庫の冷媒（熱を移動させて低温を得るための物質）などに利用され、その後、大気中に放出されました。フロンは地表付近の大気中ではほとんど分解せず、大気の循環によって成層圏上部まで運ばれます。

### 図8-8　フロンから放出される塩素原子

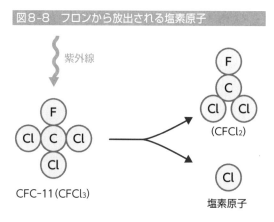

フロンの一種である$CFC\text{-}11(CFCl_3)$は、成層圏上部で太陽からの強い紫外線によって分解し、塩素原子（Cl）を発生させます（図8-8）。

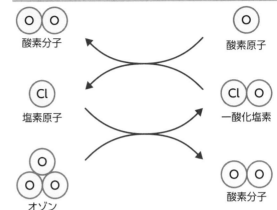

図8-9　成層圏上部でのオゾンの破壊

酸素分子　酸素原子
塩素原子　一酸化塩素
オゾン　酸素分子

　成層圏で放出された塩素原子はオゾンと反応して、一酸化塩素（ClO）と酸素分子になります。さらに、一酸化塩素は、酸素原子と反応して、酸素分子と塩素原子になります。この塩素原子が再びオゾンと反応しますので、ひとつの塩素原子がくり返しオゾンを破壊することになります（図8-9）。

## オゾンホール

　1980年代初めに南極の昭和基地上空では、9月〜10月のオゾン濃度が極端に低くなっていることが観測されました。高度20km付近のオゾン分圧（大気中のオゾンの圧力）は、1969年の観測では高い値を示していましたが、2020年の観測では低い値を示しています（図8-10）。南極域のオゾン濃度が極端に低い領域を、オゾン層に穴があいたように見えることから、オゾンホールといいます。

　フロンから分離した一部の塩素は、塩化水素（HCl）や硝酸塩素（$ClONO_2$）に変化して、成層圏下部に分布しています。冬の南極域

第1章　地球の構造
第2章　プレートの運動
第3章　地震
第4章　火山活動
第5章　地球の大気
第6章　大気の運動
第7章　日本の天気
第8章　地球環境

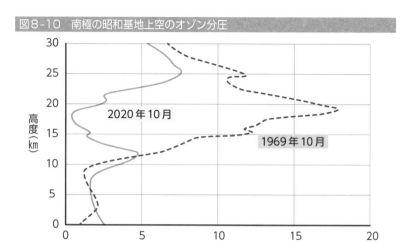

図8-10　南極の昭和基地上空のオゾン分圧

2020年10月

1969年10月

高度（km）

オゾン分圧（mPa）

の成層圏では、気温の低下によって極成層圏雲（硝酸や水などでできた低温の雲）が形成され、その表面で起こる化学反応によって、塩化水素と硝酸塩素から塩素分子（$Cl_2$）と硝酸（$HNO_3$）が生成さ

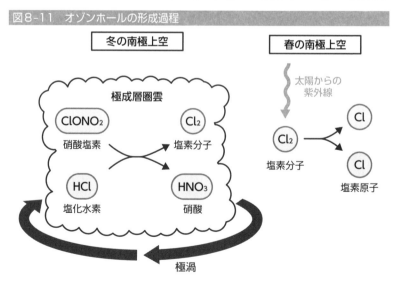

図8-11　オゾンホールの形成過程

冬の南極上空

春の南極上空

極成層圏雲

$ClONO_2$
硝酸塩素

$Cl_2$
塩素分子

$HCl$
塩化水素

$HNO_3$
硝酸

極渦

太陽からの
紫外線

$Cl_2$
塩素分子

$Cl$

$Cl$
塩素原子

第1章 地球の構造

第2章 プレートの運動

第3章 地震

第4章 火山活動

第5章 地球の大気

第6章 大気の運動

第7章 日本の天気

第8章 地球環境

れ、これらが極渦（南極を中心とする時計回りの気流）の内部に蓄積します（図8-11）。

　春になると、南極上空に太陽光が当たるようになり、成層圏に蓄積した塩素分子は、太陽からの紫外線によって分解し、塩素原子となります。この塩素原子がオゾンを破壊して、春（9月〜10月）の南極上空にオゾンホールが形成されるのです。

　1987年にはオゾン層を保護するため「オゾン層を破壊する物質に関するモントリオール議定書」が採択されました。この議定書に基づいて、フロンなどのオゾン層を破壊する物質の製造や使用が規制されるようになりました。その結果、大気中におけるCFC-11などのフロンの濃度は、2000年以降には減少するようになり、オゾンホールの拡大は止まりました。近年ではオゾンホールの面積は減少傾向にあります（図8-12）。

**図8-12　オゾンホールの面積**

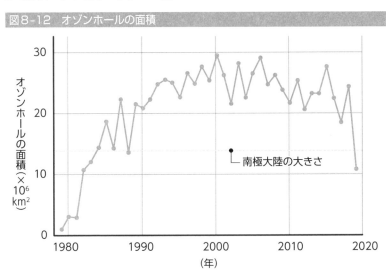

# 地球温暖化

## 地球温暖化の原因

　世界の年平均気温は、100年あたり約0.74℃の割合で上昇しています（図8-13）。地球の平均気温が長期間にわたって上昇する現象を地球温暖化といいます。

　近年の地球温暖化の原因は、人間活動によって大気中に放出された二酸化炭素が原因と考えられています。温室効果ガスである二酸化炭素が大気中で増加すると、地表から放射される赤外線が大気中でより多く吸収されるようになり、暖まった大気から地表へ放射される赤外線もより強くなりますので、地表付近にエネルギーが蓄積して地表付近の温度が高くなると考えられます。

図8-13　世界の年平均気温の変化

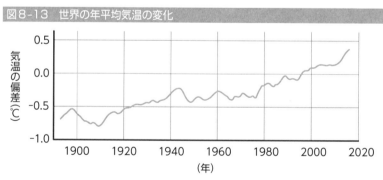

青線はその年を中心とする5年間の平均（5年移動平均）を表す。
1981〜2010年の平均を0℃とする。

（気象庁）

第1章
地球の構造

第2章
プレートの運動

第3章
地震

第4章
火山活動

第5章
地球の大気

第6章
大気の運動

第7章
日本の天気

第8章
地球環境

## 大気中の二酸化炭素濃度の変化

　大気中の二酸化炭素の世界平均濃度は、産業革命が起こる前（18世紀後半）には約280ppmでした。ppmは大気中の微量成分の濃度を表すときに使われる単位です。ppm（parts per million）は、体積比で百万分率を表しますので、大気中の分子100万個のうち二酸化炭素の分子が280個あることになります。また、大気中の分子100個あたりに換算すると、二酸化炭素の分子は0.028個になりますので、280ppm＝0.028％となります。

　産業革命以降に、人類は石炭を利用するようになり、1950年以降には石油の利用が急激に拡大しました。また、近年では天然ガスの利用も増えています。石炭、石油、天然ガスは過去の生物の遺骸

図8-14　大気中の二酸化炭素の世界平均濃度の変化

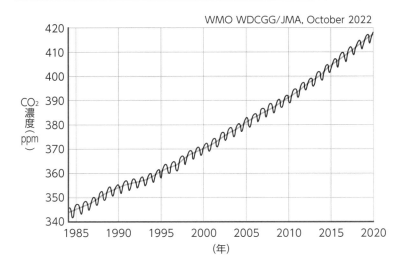

青線は年平均濃度、黒線は月平均濃度を示す。　　　　　　（気象庁）

からできた燃料であり、化石燃料とよばれています。

　化石燃料を燃やすと二酸化炭素が発生しますので、産業革命以降、大気中の二酸化炭素が増加するようになりました。二酸化炭素の世界平均濃度は2015年には400ppmを超え、2021年には415.7ppmとなりました（図8-14）。

## 温暖化に対するフィードバック

　地球が温暖化すると、温暖化を強めるしくみがはたらいたり、温暖化を弱めるしくみがはたらいたりすることがあります。温暖化を増幅させるしくみを正のフィードバックといい、温暖化を減衰させるしくみを負のフィードバックといいます。

　化石燃料の使用により、大気中の二酸化炭素濃度が上昇し、温室効果が強まって、地球が温暖化するという考えがありますが、このしくみだけで地球が温暖化すると決まるわけではありません。

　例えば、地球が温暖化すると、気温の上昇によって極域の氷が融けることが考えられます。氷は太陽光をよく反射する性質がありますので、氷が融けることによって、宇宙に反射されていた太陽光が地表に吸収されるようになります。すなわち、地球が吸収する太陽放射エネルギーが増加するため、地球の温暖化がさらに強まることになります。このしくみは、温暖化を増幅させる正のフィードバックの一例です。

　一方、地球が温暖化して、植物の生息域が拡大したとすると、植物の光合成によって大気中の二酸化炭素濃度が減少するため、大気の温室効果が弱まり、地球が寒冷化するとも考えられます。このし

くみは、温暖化を減衰させる負のフィードバックの一例です。

　このように、地球温暖化は大気中のしくみだけで引き起こされる現象ではなく、地表面や生物圏、人間活動など、様々な領域との相互関係があるのです。これらの原因を探り、影響を正確に見積もることができなければ、地球温暖化の進行や将来の気候変動を予測することはできません。そのため、様々な分野で地球温暖化に関する研究が進められています。

　近年の地球温暖化は、二酸化炭素の増加によって温室効果が強まった影響が大きいと考えられているため、二酸化炭素の放出を抑制することが国際的に進められています。二酸化炭素を削減するための技術開発とともに私たちの生活様式もこれから大きく変化していくことが予想されますので、これに適応していくことが重要になると思います。

第1章　地球の構造

第2章　プレートの運動

第3章　地震

第4章　火山活動

第5章　地球の大気

第6章　大気の運動

第7章　日本の天気

第8章　地球環境

〈著者略歴〉

**蜷川雅晴**（にながわ・まさはる）

代々木ゼミナール講師。東京大学大学院理学系研究科修士課程修了。
授業ではやさしい語り口と図を多用した解説がていねいでわかりやすいとの評判。親身で誠実な指導によって受講生から絶大な信頼を寄せられている。大学入学共通テスト対策だけでなく、東大をはじめとする国公立二次試験対策も指導している。さらに、予備校のテキストだけでなく、全国模試の問題作成も務める実力派。
著書に『大学入学共通テスト 地学基礎の点数が面白いほどとれる本』『地学基礎 早わかり一問一答』（以上、KADOKAWA）、共著書に『ねこねこ日本史でよくわかる 地球のふしぎ』（実業之日本社）、『Geoワールド 房総半島 楽しい地学の旅（Kindle版）』（mihorin企画）などがある。

激変する地球の未来を読み解く

# 教養としての地学

2023年7月4日　第1版第1刷発行

| | | |
|---|---|---|
| 著　者 | 蜷　川　雅　晴 | |
| 発行者 | 永　田　貴　之 | |
| 発行所 | 株式会社PHP研究所 | |

東京本部 〒135-8137　江東区豊洲5-6-52
　　　　ビジネス・教養出版部 ☎03-3520-9615（編集）
　　　　普及部 ☎03-3520-9630（販売）
京都本部 〒601-8411　京都市南区西九条北ノ内町11

PHP INTERFACE　https://www.php.co.jp/

| 制作協力組　版 | 株式会社PHPエディターズ・グループ |
|---|---|
| 印刷所 | 大日本印刷株式会社 |
| 製本所 | 株式会社大進堂 |